新时代新理念职业教育教材·铁道交通系列
职业教育改革探索教材
校企“双元”合作教材

铁路运输市场营销

（第2次修订本）

主　编　范恩辉　隋东旭
副主编　王　涛

北京交通大学出版社
·北京·

内 容 简 介

本书根据《高等职业学校铁道交通运营管理专业教学标准》《高等职业学校高速铁路客运乘务专业教学标准》的最新要求编写。全书共八章，分别为铁路运输市场营销概述、铁路运输市场分析、铁路运输目标市场、铁路运输产品策略、铁路运输价格策略、铁路运输分销渠道策略、铁路运输促销策略、铁路运输市场营销管理。

本书体系完整，案例丰富，适合作为高等职业学校铁道交通运营管理专业、高速铁路客运乘务专业的教材，也可作为铁路职工培训教材。

图书在版编目（CIP）数据

铁路运输市场营销 / 范恩辉，隋东旭主编. —北京：北京交通大学出版社，2020.5（2025.1 重印）

ISBN 978-7-5121-4165-0

Ⅰ. ① 铁… Ⅱ. ① 范… ② 隋… Ⅲ. ① 铁路运输–市场营销 Ⅳ. ① F530.6

中国版本图书馆 CIP 数据核字（2020）第 030143 号

铁路运输市场营销
TIELU YUNSHU SHICHANG YINGXIAO

策划编辑：刘 辉 责任编辑：刘 辉
出版发行：北京交通大学出版社 电话：010-51686414 http://www.bjtup.com.cn
地 址：北京市海淀区高梁桥斜街 44 号 邮编：100044
印 刷 者：三河市华骏印务包装有限公司
经 销：全国新华书店
开 本：185 mm×260 mm 印张：10.25 字数：254 千字
版 印 次：2025 年 1 月第 1 版第 2 次修订 2025 年 1 月第 6 次印刷
定 价：36.00 元

本书如有质量问题，请向北京交通大学出版社质监组反映。对您的意见和批评，我们表示欢迎和感谢。
投诉电话：010-51686043，51686008；传真：010-62225406；E-mail：press@bjtu.edu.cn。

前　言

本书根据《高等职业学校铁道交通运营管理专业教学标准》《高等职业学校高速铁路客运乘务专业教学标准》的最新要求编写。全书共八章，分别为铁路运输市场营销概述、铁路运输市场分析、铁路运输目标市场、铁路运输产品策略、铁路运输价格策略、铁路运输分销渠道策略、铁路运输促销策略、铁路运输市场营销管理。

本书由高等职业院校经验丰富的一线教师和铁路企业资深专家共同编写，力求展现铁路市场营销领域的最新研究成果。

本书体系完整，案例丰富，适合作为高等职业学校铁道交通运营管理专业、高速铁路客运乘务专业的教材，也可作为铁路职工培训教材。

由于编者水平有限，本书难免存在不足之处，恳请广大读者多提宝贵意见。反馈本书意见、建议，索取相关教学资源，可与出版社编辑刘辉联系（cbslh@jg.bjtu.edu.cn，QQ：39116920）。

编　者

2025年1月

目　　录

第一章
铁路运输市场营销概述

案例导入

积极的营销思想是铁路运输市场发展的根本

6 月 26 日，三塘站的一条铁路专用线旁，长沙货运中心值班员罗拥军一边检查正在装载的铁矿石，一边乐呵呵地向记者“邀功”：“如果不是我们想方设法上门‘抢’回货源，这批货就要走公路了……”原来，衡阳市荣顺工贸有限公司有一批铁矿石计划通过公路发往南昌。获得这一消息后，三塘站营销人员主动上门找到了该公司负责人林老板。洽谈中，林老板表示当初不肯选择铁路货运的原因是“顾虑”铁路货运费用比公路高且装卸损耗大，手续麻烦，还不能“门对门”送货上门……三塘站的营销人员随后向林老板介绍了铁路货运改革政策。可当林老板得知铁路货运已经全面实行“一口价”和“一条龙”全程送货上门服务后，仍然心存疑虑，只是试运了几车。后来，该货运中心负责人了解这一情况后，主动邀请林老板到现场“指导”工作，对林老板的要求逐一满足后，林老板终于被该营销中心一流的服务质量和诚恳的服务态度打动，他最后决定将所有的货物统统交给铁路部门运输，并表示愿意与该货运中心签订长期合作协议。

启示：铁路运输想要大发展，就必须彻底改变“坐等顾客上门”的旧观念，“业务是靠跑出来的”！现在空运、汽运和海运占领着大部分物流市场，作为刚刚兴起的铁路物流公司，要想取得经营的成功，就必须要有积极营销的思想和诚恳服务的态度，主动行动去“抢”更多的业务，铁路货运才有可能获得更好的发展！

市场营销学是一门研究市场营销活动及其规律性的应用科学，其产生于 20 世纪初。市场营销学吸收经济学、管理学、心理学、行为科学及社会学等众多学科的优秀成果，致力于研究流通机构与流通过程的运行机制，探索消费者及供应商行为的规律。市场营销学在铁路运输经营中所发挥的作用和产生的效益越来越明显，其越来越受到铁路运输企业的重视。随着国际经济日趋融为一体，在市场地域界限越来越模糊的今天，铁路运输企业要想求生存、谋发展，就必须认识市场、了解市场、分析市场，遵循恰当的营销理念，采用适宜的战略去适应市场、引导消费。

第一节　市场的概念及功能

一、市场的概念

市场有狭义与广义之分，狭义的市场是买卖双方进行商品交换的场所，广义的市场是指为了买卖某些商品而与其他厂商和个人相联系的一群厂商和个人。市场的规模即市场的大小。

市场是指一群具有相同需求的潜在顾客；他们愿意以某种有价值的东西来换取卖主所提供的商品或服务。

市场是商品交换顺利进行的条件，是商品流通领域一切商品交换活动的总和。市场体系是由各类专业市场，如运输市场、商品服务市场、金融市场、劳务市场、技术市场、信息市场、房地产市场、文化市场、旅游市场等组成的完整体系。同时，在市场体系中的各专业市场均有其特殊功能，它们相互依存、相互制约，共同作用于社会经济。

随着社会交往的网络虚拟化，市场不一定是真实的场所和地点，当今许多买卖都是通过计算机网络来实现的，中国最大的电子商务网站淘宝网就是提供商品交换的虚拟市场。

市场是以商品交换为基本内容的经济联系方式。在商品经济条件下，交换产生和存在的前提是社会分工和商品生产。由于社会分工，不同的生产者分别从事不同产品的生产，为满足自身及他人的需要而交换各自的产品，从而使一般劳动产品转化为商品，使产品生产也转化为商品生产。正是在这一条件下，用来交换商品以满足不同生产者需要的市场应运而生。因此，市场是商品经济条件下社会分工和商品交换的产物，市场与商品经济有着不可分割的内在联系。

随着社会分工和市场经济的发展，市场的概念也在不断发展和深化。下面列举几种关于市场的观点。

（1）市场是指商品交换的场所，即买主和卖主发生买卖关系的地点或地区。

（2）市场是各种市场主体之间交换关系乃至全部经济关系的总和。市场是买方与卖方力量的结合，是商品供求双方的力量相互作用的总和。

（3）市场表现为对某种商品服务的消费需求。市场范围，既可就一定的区域而言，如国际市场、国内市场、农村市场、城市市场；也可就某一类商品不同年龄、性别的购买者而言，如儿童用品市场、老年保健品市场、青少年运动服装市场等。

二、市场的功能

1. 交换功能

交换功能表现为以市场为场所和中介，实现商品的交换。在商品经济条件下，商品生产者出售商品，消费者购买商品，以及经营者买进卖出商品的活动，都是通过市场进行的。市场不仅为买卖各方提供交换商品的场所，而且通过等价交换的方式促成商品所有权在各当事人之间的让渡和转移，从而实现商品所有权的交换。与此同时，市场通过提供流通渠道，组织商品存储和运输，推动商品实体从生产者手中向消费者手中转移，完成商品实体交换。这种促成和实现商品所有权交换与实体转移的活动，是市场最基本的功能。尽管随着市场经济的发展，商品的范围已扩展到各种无形产品及生产要素，如服务、信息、技术、资金、房地产、劳动力、产权等，但上述商品仍然是通过市场完成其交换和流通的。

2. 反馈功能

市场把交换活动中产生的经济信息传递、反映给交换当事人，这就是市场的反馈功能。商品出售者和购买者在市场上进行交换活动的同时，不断输入着有关生产、消费等方面的信息，这些信息经过市场转换，又以新的形式输出。市场信息的形式、内容多种多样，归结起来都是市场上商品供应能力和需求能力的表现，是市场供求变动趋势的预示，其反映了社会资源在各部门的配置比例。

市场的信息反馈功能，可以为国家宏观经济决策和企业生产经营决策提供重要依据。一方面，国家可以根据市场商品总量及其结构的信息反馈，判断国民经济各部门之间的比例关系恰当与否，并据此规划和调整社会资源在各部门的分配比例；另一方面，企业也可以根据商品的市场销售状况的信息反馈，对市场消费偏好和需求潜力做出判断和预测，从而决定和调整企业的经营方向。随着社会信息化程度的提高，市场的信息反馈功能将日益加强。

3. 调节功能

调节功能表现为市场在其内在机制的作用下，能够自动调节社会经济的运行过程和基本比例关系。市场作为商品经济的运行载体和现实表现，本质上是价值规律发生作用的实现形式，价值规律通过价格、供求、竞争等作用形式转化为经济活动的内在机制。市场机制以价格调节、供求调节、竞争调节等方式，对社会生产、分配、交换、消费的全过程进行自动调节。例如调节社会资源在各部门、行业、企业间的配置；调节各个市场主体之间的利益分配关系；调节市场商品的供求总量与供求结构；调节社会消费水平、消费结构和消费方式等。在上述调节的基础上，最终达到对社会经济基本比例关系的自动调节。调节功能是市场最主要的具有核心意义的功能。

4. 供给功能

供给功能是指商品的运输和储存等方面的活动，商品的运输和储存是实现商品交换功能的必要条件。由于商品的生产和消费往往不在同一地点，这就要求通过运输手段把商品从生产地转移到消费地，并通过储存设施对商品进行保管，以保证市场上商品的及时供应。

5. 价值实现功能

商品的价值是人们在生产劳动中创造的，商品价值的实现则是通过交换来完成的。任何商品都会受到市场的检验，市场是企业营销活动的试金石，市场状况良好，商品能顺利地在卖方和买方之间转换，最终送到消费者手里实现消费，价值才能最终实现。

6. 便利功能

便利功能是市场为了保证交换和供给功能能够顺利实现而提供的各种便利条件，包括资金融通、风险承担、商品标准化等。

市场的这些功能是通过参与市场活动的企业和个人的经济行为来实现的，它们之间存在相互制约、相互促进的关系。

三、市场主要构成要素

从微观即企业角度考察，企业作为某种或某类商品的生产者或经营者，总是具体地面对对该商品有购买需求的买方。深入了解企业所面临的现实的市场状况，从中选择目标市场并确定进入目标市场的市场营销策略，以及进一步寻求潜在市场，是企业开展市场营销活动的前提。就企业而言，具有直接意义的是对微观市场的研究。

微观市场的构成包括人口、购买力、购买欲望三大要素。

1. 人口

需求是人的本能，对物质生活资料及精神产品的需求是人类维持生命的基本条件。因此，哪里有人，哪里就有需求，就会形成市场。人口的多少决定着市场容量的大小；人口的状况，影响着市场需求的内容和结构。构成市场的人口因素包括总人口、性别和年龄结构、家庭户数和家庭人口数、民族与宗教信仰、职业和文化程度、地理分布等多种具体因素。

2. 购买力

购买力是人们支付货币购买商品或劳务的能力。人们的消费需求是通过利用手中的货币购买商品实现的。在人口状况既定的条件下，购买力就成为决定市场容量的重要因素之一。市场的大小，直接取决于购买力的高低。一般情况下，购买力受到人均国民收入、个人收入、社会集团购买力、平均消费水平、消费结构等因素的影响。

3. 购买欲望

购买欲望指消费者购买商品的愿望、要求和动机。它是把消费者的潜在购买力变为现实购买力的重要条件。倘若仅具备了一定的人口和购买力，而消费者缺乏强烈的购买欲望或动机，商品买卖仍然不能发生，因此，购买欲望也是市场不可缺少的构成因素。

四、市场的类型

市场从不同的角度，可以划分为各种具体的类型。

（1）按竞争程度，可以把市场分为完全竞争市场、完全垄断市场和垄断竞争市场。

① 完全竞争市场。

完全竞争市场是指竞争行为不受任何阻碍和干扰的市场形态，即在市场上，没有任何卖方或买方能够通过自己的买卖行为左右市场价格的变动；商品价格完全是在竞争过程中形成的，价值规律通过价格变动自发地调节市场供求。在现实生活中，这一形态的市场除少数农产品外很少存在。

② 完全垄断市场。

完全垄断市场是指市场上只存在独一无二的买方或卖方，其他买方或卖方不可能参加竞争，因此，其价格的制订具有独占性，价值规律的作用受到很大限制，完全垄断市场仅集中于一些公用事业领域，如水、电、邮政、铁路等。

③ 垄断竞争市场。

垄断竞争市场是介于完全竞争和完全垄断之间的市场形态，这种市场上同时存在众多的买方和卖方，厂商之间竞争激烈，又由于各个厂商的产品具有差别性或独特性，因而部分市场呈现一定程度的垄断。这是现代市场经济中大量存在的市场类型。

（2）按商品流通的区域，可以把市场分为地方市场、全国市场、世界市场。

① 地方市场。

地方市场是指由于某些经济地理因素或行政分隔的原因而形成的以特定的地方为活动空间进行商品交易的市场。地方市场有两种类型：一种是经济性地方市场，其是由于商品交易受自身条件或某些经济地理因素的影响而形成的有利于商品交易的地方市场；另一种是行政性地方市场，其是由于地方行政区划和地方政府的行为所形成的。一般来说，经济性地方市场对经济的发展有积极的促进作用，行政性地方市场有时会阻碍经济的发展。

② 全国市场。

全国市场是指商品流动以全国为活动空间的市场。地方市场是全国市场形成的基础，全国市场的形成，首先必须有稳定的政治局面，社会的动乱和地方割据不可能形成全国统一市场；其次，要形成交易竞争，使商品的流通具有内在的驱动力；再次，要形成发达的流通设施和广泛的信息、交通网络，以突破地理的自然障碍。全国市场的形成是诸多地方市场有机联系的表现。

③ 世界市场。

世界市场是世界各国之间进行商品和劳务交换的市场，其既包括由国际分工联系起来的各个国家商品和劳务交换的总和，也包括商品、技术转让、货币、运输、保险等业务，其中商品和劳务是主体，其他业务是为商品和劳务交换服务的。

（3）按商品流通的交易形式，可以把市场分为现货市场和期货市场。

① 现货市场。

现货市场是指市场上的买卖双方成交后须在若干个交易日内办理交割的市场。现货交易包括现金交易和固定方式交易。现金交易是指成交日和结算日在同一天发生的买卖；固定方式交易则是指成交日和结算日之间相隔一段时间。目前现货市场上的大部分交易均为固定方式交易。

② 期货市场。

期货市场是按达成的协议交易并按预定日期交割的交易场所或领域。现货与期货的区别是，期货的交割期放在未来，而价格、交货，以及付款的数量、方式、地点和其他条件是在即期由买卖双方在合同中规定的，商品及证券均可在期货市场上交易。虽然合同已经签订，但双方买卖的商品可能正在运输途中，也可能正在生产中，甚至可能还没有投入生产，卖者手中可能有商品或证券，也可能没有商品或证券。

（4）按商品的属性，可以把市场分为特殊商品市场和一般商品市场。

① 特殊商品市场。

特殊商品市场是指为满足人们对资金及各种服务的需要而提供的市场，包括金融市场、劳动力市场和技术信息市场等。

② 一般商品市场。

一般商品市场是指有固定场所、设施，有若干经营者入场经营、分别纳税，由市场经营管理者负责经营物业管理，实行集中、公开交易有形商品的交易场所。一般商品市场由消费品市场和生产资料市场构成。

五、市场的作用

1. 市场是社会资源的主要配置者

资源指社会经济活动中人力、物力、财力的总和。资源配置是对相对稀缺的资源在各种可能的生产用途之间做出选择，或者说是各种资源在不同使用方向上的分配，以获得最佳效率的过程。合理配置资源，使其得到充分利用，避免不必要的闲置和浪费，是任何社会经济活动的中心问题。

资源配置有自然配置、市场配置和计划配置三种方式。其中市场配置是市场经济中资源配置的主要方式，即各种资源通过市场调节实现组合和再组合。具体表现为，各种资源通过参与市场交换在全社会范围内自由流动；按照市场价格信息反映的供求比例流向最有利的部门和地区；企业作为资源配置的利益主体通过市场竞争实现各项资源要素的最佳组合。在市场机制自动配置资源的基础上，推动实现产业结构和产品结构的合理化。

2. 市场是国家对社会经济实行间接管理的中介、手段和直接作用对象

市场作为全社会微观经济活动的场所和总体形式，可以成为连接宏观管理主体与微观经济活动的中介。国家运用各种宏观调控手段，直接调节市场商品供求总量及其结构的平衡关系，通过市场发出信号，间接引导和调节企业的生产经营方向，从而实现对社会经济

活动全面、有效的控制。

3. 市场对企业的生产经营活动具有直接导向作用

在社会主义市场经济体制下，企业的生产经营活动直接取决于市场的调节和导向。市场运用供求、价格等调节机制引导企业生产的方向，企业根据市场供求信息决定生产什么，生产多少；企业遵照公平竞争的市场法则，积极参与竞争，实现优胜劣汰。

第二节 市场营销

一、初识市场营销

美国市场营销协会对市场营销的定义是：市场营销是在创造、沟通、传播和交换产品中，为顾客、客户、合作伙伴及整个社会带来价值的一系列活动、过程和体系。菲利普·科特勒认为，市场营销是个人和集体通过创造并同他人交换产品和价值，以满足需求和欲望的一种社会过程和管理过程。

市场营销概念的三个要点如下。

（1）市场营销的最终目标是“满足需求和欲望”。市场营销是一种创造性行为，它不仅要寻找已存在的需求并满足它，而且还要激发和解决顾客没有提出来的要求，使他们热烈响应企业的营销行为。正如索尼公司创始人盛田昭夫所讲的：“我们不是服务于市场而是创造市场。”

（2）市场营销的核心是“交换”。交换是一个主动、积极地寻找机会，满足双方需求和欲望的社会过程和管理过程。

（3）交换过程能否顺利进行，取决于企业创造的产品和价值满足顾客需求的程度和交换过程的管理水平。

知识拓展

市场营销≠推销

在市场经营活动中，人们常常把推销活动当作营销活动，其实两者有着本质的区别。

（1）出发点不同。

推销的出发点是企业，企业有什么就卖什么，企业的生产是起点，推销是终点，其研究的范围是有始有终的一条线。市场营销的出发点是顾客，顾客需要什么，就生产什么，就卖什么；需要多少就卖多少。市场是起点，同时市场又是终点，生产只是中间环节。

（2）目的不同。

推销和市场营销都要取得利益，但推销的目的是眼前利益，工作上是短期行为，销售上是“一锤子”买卖，只要今天“吃饱饭”，明天、后天“饿肚子”也在所不惜；而市场营销的目的是长远利益，工作上是长远设计，要与顾客建立长期的互利关系，不强调一次的得失，追求长期的利益最大化。

（3）手段不同。

推销和市场营销都要运用多种手段。推销为了达到目的，可以不择手段；而市场营销则强调多种手段的组合运用，并以有利于消费者为条件，因此，不能单凭是否运用广告手段来区分某种行为是推销还是市场营销。

（4）过程不同。

市场营销是一个完整的循环往复的工作过程，而推销仅是市场营销链条中的一个环节。从管理的角度看，市场营销管理包括三个层次：一是规划（策划），主要工作内容是通过分析现状，制定市场战略，规划未来；二是管理，主要职责是搞好市场、人员等管理工作；三是实施，即根据营销策划方案或营销计划，将营销的各项工作落实到各相关部门和个人，根据策划方案的要求有条不紊地予以落实并监督、检查的过程；而推销或销售仅仅是实施过程中一个部门或环节的工作。

二、市场营销学的产生与发展

市场营销学于20世纪初期产生于美国。随着社会经济的发展，市场营销学发生了根本性的变化，从传统市场营销学演变为现代市场营销学，其应用从营利组织扩展到非营利组织。市场营销学在实践中与时俱进，不断完善、丰富和发展，其发展经历了六个阶段。

1. 市场营销学萌芽阶段（1900—1920年）

这一阶段，各主要资本主义国家经过工业革命，生产力迅速提高，城市经济迅猛发展，商品需求量亦迅速增多，出现了需求大于供给的卖方市场，企业产品价值实现不成问题。与此相适应的市场营销学开始创立。

这一阶段的市场营销理论同企业经营哲学相适应，即同生产观念相适应，其依据的是传统的经济学，是以供给为中心的。

2. 功能研究阶段（1921—1945年）

这一阶段的市场营销学以营销功能的研究为特点。相关研究把营销功能归结为交换功能、实体分配功能、辅助功能等，并提出了推销是创造需求的观点。

3. 形成和巩固时期（1946—1955年）

这一时期的市场营销学研究全面地阐述了市场营销是如何分配资源、指导资源使用的；市场营销如何影响个人分配，而个人收入又如何制约营销；市场营销如何为市场提供适销对路的产品。

这一时期已形成市场营销的原理及研究方法，传统市场营销学已形成。

4. 市场营销管理导向时期（1956—1965 年）

这一时期的市场营销学研究从营销管理角度论述市场营销理论。相关研究对市场营销管理提出了新的见解：把消费者视为一个特定的群体，即目标市场，企业制定市场营销组合策略，适应外部环境，满足目标顾客的需求，实现企业经营目标。

5. 协同和发展时期（1966—1980 年）

这一时期，市场营销学逐渐从经济学中独立出来，同管理科学、行为科学、心理学、社会心理学等理论相结合，使市场营销学理论更加成熟。

6. 分化和扩展时期（1981 年至今）

在此期间，市场营销领域又出现了大量丰富的新概念，使得市场营销这门学科出现了变形和分化的趋势，市场营销的应用范围也在不断地扩展。

进入 20 世纪 90 年代，科学和文明的发展给营销领域带来了更为复杂的概念和方法，市场营销学术界也日益重视高新技术、文化等方面对市场营销的影响和渗透。专门化研究的发展，使得数据库营销、网络营销、关系营销、绿色营销、文化营销和体验营销等新的营销理论不断涌现和发展，极大地丰富了市场营销学的理论内容。总之，探索市场营销在新经济、新技术条件下的走向，成为这一时期市场营销学研究的热点问题。

三、市场营销观念的演变

1. 生产观念

生产观念盛行于 19 世纪末 20 世纪初，该观念认为，消费者喜欢那些可以随处买到和价格低廉的商品，企业应当组织和利用所有资源，集中一切力量提高生产效率和扩大分销范围，增加产量，降低成本。显然，生产观念是一种重生产、轻营销的指导思想，其典型表现就是“我们生产什么，就卖什么”。以生产观念指导营销活动的企业，称为生产导向企业。

20 世纪初，美国福特汽车公司制造的汽车供不应求，亨利·福特曾傲慢地宣称：“不管顾客需要什么颜色的汽车，我只有一种黑色的”。

2. 产品观念

产品观念是与生产观念并存的一种市场营销观念，它们都重生产而轻营销。产品观念认为，消费者喜欢高质量、多功能和具有某些特色的产品，因此，企业管理工作的中心是致力于生产优质产品，并不断精益求精，日臻完善。在这种观念的指导下，企业经营者常常迷恋自己的产品，以至于没有意识到产品可能并不迎合时尚，甚至市场正朝着不同的方向发展，他们在设计产品时只依赖工程技术人员而极少让消费者介入。

产品观念把市场看作是生产过程的终点，而不是生产过程的起点；忽视了市场需求的多样性和动态性，过分重视产品而忽视顾客需求。当某些产品出现供过于求或不适销对路而产生积压时，却不知产品为什么销不出去，最终导致“市场营销近视症”。

知识拓展

营销近视症

营销近视症是著名的市场营销专家、美国哈佛大学管理学院西奥多•莱维特教授提出的。1960 年，他在《哈佛商业评论》上发表《市场营销近视症》一文，根据对于美国石油、汽车、电器等 17 个行业经营状况不佳现象的分析，提出造成这些行业不景气的主要原因是市场营销近视症。这篇文章一经发表立即引起营销理论研究者和营销实践工作者的广泛关注和重视。在他之后，很多营销理论研究者对这一问题展开研究。

营销近视症就是不适当地把主要精力放在产品或技术上，而不是放在市场需要（消费需要）上，这导致企业丧失市场，失去市场竞争力。这是因为产品只不过是满足市场消费需要的一种媒介，一旦有更能充分满足消费需要的新产品出现，现有的产品就会被淘汰。同时，消费者的需求是多种多样并不断变化的，并不是所有的消费者都偏好某一种产品或价高质优的产品。莱维特断言：市场的饱和并不会导致企业的萎缩；造成企业萎缩的真正原因是营销者目光短浅，不能根据消费者的需求变化而改变营销策略。

3. 推销观念

推销观念产生于资本主义经济由“卖方市场”向“买方市场”的过渡阶段，其盛行于 20 世纪 30 年代。推销观念认为，消费者通常有一种购买惰性或抗衡心理，若顺其自然，消费者就不会自觉地购买大量本企业的产品，因此企业经营的中心任务是积极推销和大力促销，以诱导消费者购买产品。其具体表现是：“我卖什么，就设法让人们买什么”。执行推销观念的企业，被称为推销导向企业。在推销观念的指导下，企业相信产品是“卖出去的”，而不是“被买去的”。

企业经营者致力于产品的推广和广告活动，以求说服、甚至强制消费者购买。他们聘用了大批推销专家，做大量广告，对消费者进行“无孔不入”的促销信息“轰炸”。

推销观念与前两种观念一样，也是“以产定销”，因此，生产观念、产品观念、推销观念被称为传统的市场营销观念。

4. 市场营销观念

市场营销观念是以消费者的需要和欲望为导向的经营哲学，是消费者占据主动的体现，其形成于20世纪50年代。该观念认为，实现企业目标的关键在于正确确定目标市场的需要和欲望，一切以消费者为中心，要做到比竞争对手更有效、更有力地传送目标市场所期望满足的东西。

市场营销观念的产生，是市场营销哲学发展过程中的一次质的飞跃和革命，它不仅改变了传统逻辑思维方式，而且在经营策略和方法上也有很大突破。它要求企业营销管理贯彻“顾客至上”的原则，从而实现企业目标。企业在决定其生产经营时，必须进行市场调研，根据市场需求及企业自身条件选择目标市场，组织生产经营，最大限度地提高顾客满意度。

5. 社会市场营销观念

社会市场营销观念是以社会长远利益为中心的市场营销观念，是对市场营销观念的补充和修正。从20世纪70年代起，随着全球环境破坏、资源短缺、人口爆炸、通货膨胀等问题日益严重，要求企业顾及消费者整体利益与长远利益的呼声越来越高。西方市场营销学界提出了一系列新的理论及观念，如人类观念、理智消费观念、生态准则观念等，这些观念认为，企业生产经营不仅要考虑消费者需要，而且要考虑消费者和整个社会的长远利益。

社会市场营销观念的基本核心理念是以实现消费者满意及消费者和社会公众的长期福利作为企业的根本目的与责任。理想的营销决策应同时考虑消费者的需求与愿望的满足、消费者和社会的长远利益、企业的营销效益。

6. 大市场营销观念

20世纪80年代后，美国著名营销大师科特勒针对无国界竞争的态势，提出了大市场营销观念。大市场营销是指为了进入特定市场，并在那里从事业务经营，在战略上协调使用经济的、心理的、政治的和公共关系等手段，以获得各有关方面如经销商、供应商、消费者、市场营销研究机构、有关政府人员、各利益集团及宣传媒介等方面的合作及支持。这里所讲的特定市场，主要是指贸易壁垒很高的封闭型或保护型的市场。在这种市场上，已经存在的参与者往往会设置种种障碍，使得那些能够提供类似产品，甚至能够提供更好的产品和服务的企业难以进入，无法开展经营业务。大市场营销是对传统市场营销组合战略的不断发展，是在一般市场营销基础上发展的，但大市场营销又具有与一般市场营销不同的特点和作用。

大市场营销发展了市场营销观念和社会市场营销观念，一是在企业与外部环境关系上，突破了被动适应的观念，认为企业不仅可以通过自身的努力来影响某些外部因素，而且可以控制和改变某些外部因素，使之向有利于自己的方向转化；二是在企业与市场和目标顾客的关系上，突破了过去那种简单发现、单纯适应与满足的做法，认为应该打开产品通道，积极引导市场，创造目标顾客需要；三是在市场营销手段和策略上，在原有的市场营销组合中，又加进了政治权利和公共关系两种重要手段，从而更好地保证市场营销活动的有效性。

7. 全球营销观念

全球营销观念是 20 世纪 90 年代以后市场营销观念的最新发展，它是指导企业在全球市场进行营销活动的一种崭新的营销思想。全球营销观念在某种程度上完全抛弃了本国企业与外国企业、本国市场与外国市场的概念，其把整个世界作为一个经济单位来处理。全球营销观念强调营销效益的国际比较，即按照最优化的原则，把不同国家中的企业组织起来，以最低的成本，最优化的营销手段去满足全球市场需要。

第三节　运 输 市 场

一、运输市场的概念

运输需求和运输供给构成了运输市场，狭义的运输市场是指运输劳务交换的场所，该场所为旅客、货主、运输业者、运输代理者提供交易的空间；广义的运输市场则包括运输参与各方在交易中所产生的经济活动和经济关系的总和，即运输市场不仅是运输劳务交换的场所，而且还包括运输活动的参与者之间、运输部门与其他部门之间的经济关系。

运输需求与供给是相互依存的对立统一体，在市场经济条件下，运输需求是运输供给的前提和基础，是进行运输基础设施建设和组织运输生产活动的基本依据。运输供给总是随着运输需求的变化而变化的，然而运输供给一旦形成，便构成一个相对独立的领域，并拥有自身发展变化的特点和规律，并且会反作用于运输需求，从而推动运输经济的增长与发展。

二、运输市场的构成

运输市场是多层次、多要素的集合体，其主要由以下几部分组成。

1. 需求方

需求方包括各种经济成分的客货运输需求单位和个人。

2. 供给方

供给方包括提供客货运输服务的各种运输业者，有时供给方还包括运输业者的行业协会或类似组织。

3. 中介方

中介方包括在运输需求和供给双方之间穿针引线，提供服务的各种客货代理企业、经纪人和信息服务公司等。在运输市场系统中，需求方、供给方、中介方三个要素直接从事客货运输活动，属于行为主体。

4. 政府方

政府方代表国家即一般公众利益对运输市场进行调控，例如市场监管、财政、税务、物价、金融、公安、监理、城建、标准、仲裁等机构和各级交通运输管理部门。

三、运输市场的特征

我国运输市场除具有社会主义市场经济共性特征外，作为市场体系中的一个专业市场，又有以下个性特征。

1. 运输商品生产、消费的同步性

运输商品的生产过程、消费过程是融合在一起的，在运输生产过程中，劳动者主要不是作用于运输对象，而是作用于运输工具，旅客、货物是和运输工具一起运行的，并且随着运输工具的场所变动而改变所在位置。由于运输所创造的产品在生产过程中同时被消费掉，因此不存在任何可以存储、转移或调拨的运输“产成品”。同时运输产品又具有矢量的特征，不同的到站和发站之间的运输形成不同的运输产品，它们之间不能相互替代。因此运输劳务的供给只能表现在特定时空的运输能力之中，不能靠储存或调拨运输产品方式调节市场供求关系。

2. 运输市场的非固定性

运输市场所提供的运输产品具有运输服务特性，它不像其他工农业产品市场那样有固定的场所和区域来生产、销售商品。运输产品在开始提供时只是一种“承诺”，即以车票、货票、运输合同等作为契约保证，随着运输生产过程的开始进行，通过一定时间和空间的延伸，在运输生产结束时，才将位移的实现所形成的运输劳务全部提供给运输需求者。整个市场交换行为，并不局限于一时一地，而是具有较强的广泛性、连续性和区域性。

3. 运输需求的多样性及波动性

运输企业以运输劳务的形式服务于社会，服务于运输需求的各个组织或个人。由于运输需求者的经济条件、需求习惯、需求意向等多方面存在比较大的差异，必然会对运输劳务或运输活动过程提出各种不同的要求，从而使运输需求呈现多样性的特点。由于工农业生产有季节性的特点，因此货物运输需求也有季节性的波动，特别是水果、蔬菜等农产品

的运输需求季节性十分明显。由于运输产品无法储存，运输市场供需平衡较难实现。

4. 运输市场容易形成垄断

运输市场容易形成垄断的特征表现在两个方面：一方面，运输业发展到一定阶段，某种运输方式往往会在运输市场上形成较强的垄断势力，这主要是因为自然条件和一定生产力水平下某一运输方式具有技术上的明显优势等原因造成的；另一方面，由于运输业具有自然垄断的特性，这使得运输市场容易形成垄断。通常把因历史原因、政策原因和需要巨大初期投资原因等使其他竞争者不易进入市场，而容易形成垄断的行业称为具有自然垄断特征的行业。运输市场上出现的市场垄断力量使运输市场偏离完全竞争市场的要求，因此各国政府都对运输市场加强了监管。

知识拓展

运输市场的结构

运输市场是具有多侧面、多重规定性的经济范畴，因此运输市场的结构也可从不同的角度，从多方面进行考察。运输市场的空间结构指主体及其所支配的变换对象的活动范围，现实的运输市场总是具有一定活动空间的市场，各类市场由于其扩散和吸引能力之大小而有所不同。运输市场的空间结构就是指各等级、各层次的市场空间在整个市场体系中所占的地位及其相互关系。

运输市场的空间结构从大的方面来讲可以分为三个基本的层次。

（1）区域性的地方运输市场。它包括城市运输市场、城际运输市场、农村运输市场、城乡运输市场，以及南方运输市场、北方运输市场，等等，通常以大大小小的经济区为主，在地域分工和生产专业化的基础上逐步形成，并循序渐进地发展和扩大。

（2）全国统一的运输市场。全国统一的运输市场是以整个国家领土、领空、领海为活动空间的运输市场，它是包括各个地区、各种运输方式在内的统一的运输市场。它以市场经济的充分发展为基础，在区域运输市场充分发展的前提下才得以形成的。

（3）国际运输市场。它是随着国际商品交换及其他经济社会文化交往的增加而逐步形成的，是国际分工、世界经济的发展和经济生活国际化的必然结果，也是市场经济发展的客观要求和必然趋势。

运输市场的时间结构指市场主体支配交换客体这一运行轨迹的时间长短，它表现为交换过程的连续性和间断性的统一。在现实的运输市场交易中，市场主体之间对交换对象——运输劳务的权力转移及客货位移，可以有不同的时间轨迹。一般来说，运输市场按时间结构可包括两种情况。

（1）现货交易市场，指运输市场上出售运输劳务与货币转移是同时进行的，因而也称即期交易，它反映市场主体和交换对象的运动在时间上的同步性。

（2）期货交易市场，其是通过签订标准化的运输期货交易合同而成交的运输交易市场。在运输期货交易活动中，先签订期货交易合同，然后在某一特定时间交割。市场主体之间对运输劳务所有权的转让与客货位移在时间上是分离的，两者不具有同步性，因此其与现货交易有很大的不同。

四、运输市场的类型

运输市场按照不同的标准，可以有不同的类别。

（1）按涉及的运输方式，运输市场可分为包括两种或两种以上运输方式的不同方式间运输市场和某一种方式的运输市场（如铁路运输市场、公路运输市场、航空运输市场、水运运输市场等）。

（2）按运输距离的远近，运输市场可分为短途、中途和长途运输市场等；也可按运输市场的空间范围，分为地方运输市场、跨区运输市场和国际运输市场等。

（3）按与城乡的关系，运输市场可分为市内运输市场、城市间运输市场、农村运输市场和城乡运输市场等。

（4）按客体结构，运输市场可分为基本市场和相关市场。基本市场分为客运市场、货运市场；相关市场分为运输设备租赁市场、运输设备修造市场、运输设备拆卸市场等。其中货运市场也可以按照运输条件分为一般货物运输市场和特种货物运输市场。一般货物运输市场可分为干货运输市场、散货运输市场、杂货运输市场、集装箱运输市场。散货运输市场再细分为煤炭运输市场、粮食运输市场、钢铁运输市场、油品运输市场，等等。特种货物运输市场可分为大件运输市场、危险货物运输市场、冷藏运输市场等。客运市场也可以细分，如一般客运市场和特种客运市场，后者如旅游客运市场、包机（车、船）市场等。

（5）按运输市场的竞争性，可以分为垄断运输市场、竞争运输市场和垄断竞争运输市场及寡头垄断市场等。这种分类是针对特定时间、地点等条件而言的，比如有的运输企业在一些地区是垄断的，在另一些地区则可能是竞争的。

（6）按时间要求可分为定期运输市场、不定期运输市场、快捷运输市场等。

上述分类往往还可以交叉进行，如长途客运市场、短途客运市场，水运长途客运市场、水运短途客运市场，水运长途货运市场、公路长途客运市场，定期船市场、不定期船市场，等等。

第四节　铁路运输市场营销

一、铁路运输市场营销的概念

铁路运输市场营销的概念是指在正确的营销观念指导下，铁路运输企业从事市场调查、产品开发、价格制定、产品分销和促销，以满足运输需求者现实的和潜在的运输需要的整体活动过程。铁路运输市场营销，在观念上必须把旅客和货主作为市场的真正主人，以满足旅客和货主的各种需求作为市场营销工作的出发点。

二、铁路运输市场营销的必要性

（1）树立市场营销观念对铁路运输企业具有特殊的重要性。运输市场营销观念是关系到铁路运输企业生存和发展的根本性问题。铁路企业内部车、机、工、电、辆等部门，往往重视完成生产任务指标，而忽略铁路运输企业作为一个整体与货主、旅客、市场之间的关系。人们往往从企业内部运输生产过程的特点出发把铁路看成联动机，而忽略了从外部的市场看铁路，只有与市场的需求联动，铁路这个联动机才能运转良好。

（2）铁路运输需求本身是一种引致需求，而不是最终需求。对铁路运输的需求是从旅客和货主对实现空间位移的需求产生出来的，然而实现人和物空间位移的运输方式是多种多样的。铁路运输企业往往有一种错觉，认为旅客和货主需要的是“车票”和“车皮”，即把对铁路运输的需求看成是一种最终需求，而不是满足最终需求的一种方式。如果铁路运输不能以用户满意的方式和可以接受的价格把他们或他们的货物运到他们想去的地点，用户可以选择另一种运输方式。我国一些高速公路开通后，大量旅客、货物运输转向高速公路，以及大量旅客乘飞机长途旅行的事实已经证明了这一点。铁路运输服务必须适应市场需求（即旅客和货主的需求）才会有其生存和发展的空间。

以客票发售为例，以往铁路客运是先行购买接受服务的凭证，然后生产和消费同时进行，这就使客票发售环节具有举足轻重的地位。旅客在这种购买服务中的要求也是多方面的：他们可能想提前数月或数周购票，或想异地购票，或想购买返程票，他们还可能想网络购票或电话订票，铁路部门在建立全国联网的计算机售票系统后，列车售票手段实现了现代化，从而提高了铁路运输的市场竞争力。

以旅客和货主为中心，即以市场为中心来组织和协调铁路运输企业的各项经济活动（包括投资和更新改造），铁路运输企业才能实现自己的经济效益。

三、铁路运输市场营销的功能

铁路运输市场营销的功能与一般市场营销的功能在核心意义上是相同的，但由于铁路运输市场营销的特殊性，其具体功能与一般市场营销又有所区别。

1. 交换功能

铁路运输市场营销的交换功能包括购买和销售两个方面，但由于铁路运输企业生产的产品是无形的，也就无所谓产品所有权的转移，其购买的功能包括旅客和货主选择何种运输方式，运至何地，何时运输等的决策；销售的功能包括寻找市场，扩大市场占有率，改善服务质量等决策。购买和销售都离不开价格，因此，定价也就成了交换功能的应有之义。

2. 实体分配功能

铁路运输市场营销的实体分配功能，包括旅客的位移，货物的位移和储存等。运输是为了实现产品在空间位移上的转移；储存是为了保存产品的使用价值，并调节产品的供求矛盾。铁路运输企业生产的产品是旅客或货物的位移，是无形的，它既不能转移又不能存储，它在生产的同时又被消耗掉，因此，铁路运输物流的功能只是一个抽象的说法，包括运量和运能等。铁路运输企业开展市场营销活动，就是力图使运能和运量平衡，并不断提高运能，开拓市场，扩大运能，物流功能的发挥是交换功能的必要条件。

3. 便利功能

铁路运输市场营销的便利功能是指“便利交换”“便利物流”的功能，包括资金融通、风险承担、信息沟通、产品的标准化和分级等。借助资金融通和商业信用可以改善铁路运输设备，吸引货源，提高铁路竞争能力，增加铁路运输在运输市场中所占的份额。风险承担，是指旅客或货物在运送过程中，铁路运输企业必须承担的某些财务损失，如因意外事故而造成旅客受伤和货物损毁时，铁路必须负责赔付旅客和货主的损失。市场信息的收集、加工和传递，对于旅客、货主及运输企业都是十分重要的。没有信息的沟通，交换功能和物流功能都难以实现。产品的标准化和分级，可以大大简化和加快交换过程，便于旅客和货主做出选择。

4. 示向功能

铁路运输市场营销的示向功能是指通过对市场的调查、研究和分析，描绘出消费者对产品的预期需求，以及市场上的供求状态、竞争状况等，从而对铁路运输企业推出各种产品和服务，发挥示向作用。

通过发挥上述铁路运输市场营销的功能，可以形成铁路运输产品的时效性、安全可靠性、便利性和运输价格的合理性，而这四个特性也是运输市场对铁路运输业的基本要求。

知识拓展

广州局集团公司创新服务举措推进“客运提质”

2018 年清明节来临之际，中国铁路广州局集团有限公司迅速落实关于“客运提质”计划工作部署，进一步优化客运服务措施，全面推动客运服务水平再上新台阶，让旅客清明出行体验更美好、更温馨、更便捷。清明小长假期间，广铁集团预计发送旅客 665 万人次，同比增长 6.7%，客流最高日发送旅客 182 万人次。为满足旅客出行需求，该集团一方面采取高铁动车组重联、普铁满轴运行、增开客车等措施增加旅客输送能力，另一方面全面落实“客运提质”计划，不仅让旅客走得了，还要让旅客走得方便、舒心。

广铁集团全面优化便捷出行服务，在广州南、深圳北、长沙南等高铁大站设立急客通道，为开车前 10 分钟至 20 分钟内到站的旅客提供便捷验证、安检，快速进站上车服务。他们对部分大站进出站流线进行优化，改造扩大进出站口并安装检票闸机，确保旅客进出站快捷顺畅。该集团还根据线路布局和旅客需求逐步增加便捷换乘车站数量，进一步优化换乘流线，补强便捷换乘设备设施，进一步方便旅客中转换乘。

他们认真落实重点旅客优先服务、军人依法优先工作要求，主动帮扶重点旅客进出站、上下车；落实好重点旅客预约服务，进一步优化重点旅客预约服务流程，规范受理、通知、提醒和服务作业程序，加大对失约行为的审查力度，确保重点旅客预约服务到位。

提高服务品质的同时，广铁集团还加大资金投入，改善站车厕所设备设施质量、增加保洁力量配备和备品投入。该集团客运、房建、车辆部门密切合作，建立客运站车厕所“双所长”制，加强厕所管理；推进衡阳东、株洲西、深圳北等站空调系统改造工作，改善候车环境；在 22 个客运大站常态化设置旅客服务中心，建立专业化的服务中心队伍，提供多样化服务，第一时间帮助旅客破解出行中遇到的各种难题。

实训分析

项目实训：分析某铁路运输企业的市场营销状况

【实训目标】

（1）掌握市场、市场营销的概念；
（2）掌握运输市场的概念、构成特征；
（3）形成铁路运输市场营销观念。

【实训内容与要求】

（1）全班同学自由组合成若干个学习小组，各学习小组通过课堂学习，对相关概念建立较深的认识。

（2）各学习小组通过在图书馆查阅资料、上网收集信息、对铁路运输企业进行调研等方式对铁路运输市场营销的知识进行深入学习，熟悉行业情况。

【实训成果与检测】

各小组成员提交简要的书面分析报告，并进行课堂交流与讨论，教师根据每个人的分析报告与讨论表现进行评估、打分。

第二章 铁路运输市场分析

案例导入

全国第一条城际高速铁路——京津城际铁路

京津城际铁路是我国第一条具有自主知识产权、国际一流水平的城际高速铁路，于2008年8月1日正式开通运营，其全长120 km，起自北京南站，沿途设亦庄、永乐、武清三个中间站（初期仅武清站开办客运业务），终至天津站，运行时长30 min左右，把北京和天津两大中心城市紧密连为一体。“大运量、高密度、公交化”的运输组织模式，大大缩短了京津两地之间的时空距离。自开通以来，京津城际铁路以其先进可靠的技术装备、人性化的客运服务系统、高效快捷的运输产品和公交化的运输组织模式，迅速赢得了城际客运市场。

北京、天津均为著名的旅游城市，每年来京津旅游的游客数以千万计，铁路方主动出击积极与大型旅行社开展合作，在为京津城际铁路创造出新的、稳定的客流来源的同时，也为促进京津两地旅游业发展作出贡献。京津城际铁路坚持以人为本的服务理念，采用先进的客运服务信息系统，方便旅客出行，提高服务质量。作为国内最早建成的时速350 km的客运专线，京津城际铁路秉承“以人为本”的客运服务理念，以满足旅客的需求为出发点，借鉴国内外高速铁路、民航机场信息系统建设的先进经验，通过采用国内先进的客运服务信息系统，优化配置资源，以科学合理的布局配置服务终端设备，在购票、候车、检票、进站、登乘、中转和出站等旅行各环节中为旅客提供列车运行、票务、导向、广播、时钟、旅行常识查询、紧急求助、站台票发售等全方位的信息实时服务，有效化解了旅客“购票难”“进站难”“出站难”等诸多难题，大大方便了旅客出行，在减轻铁路职工劳动强度的同时，进一步提高了铁路客运的服务水平和质量。

与此同时，京津城际铁路采取公交化运输组织模式，提高运输能力，促进了京津城际铁路客流量大幅增长。京津城际铁路采用公交化城际列车和跨线列车混合开行的运输组织模式，列车均采用“和谐号”动车组，列车开行以本线车为主（59对时速350 km动车组）、跨线车为辅（11对时速200 km动车组），列车最短运行间隔仅10 min，实现了真正意义上的公交化运行。这种公交化运输组织模式可保证旅客随到随走，有效缩短旅客平均等候时间，促进了客流量的有效增长。

启示：城际铁路作为铁路部门在中短途客运市场竞争中的王牌，有针对性地开展有效的市场营销活动，有利于增强铁路的市场竞争力，扩大铁路客运市场，更好地满足居民的出行需求，进而促进社会经济的发展。

随着国际经济日趋融为一体，在市场的地域界限越来越模糊的今天，铁路要想求生存、谋发展，就必须认识市场、了解市场、分析市场，遵循恰当的营销理念，采用适宜的战略与策略去适应市场、引导消费。

第一节　运输市场现状分析

一、我国交通运输市场的发展现状与分析

1. 我国交通运输市场的发展现状

改革开放以来，我国的客货交通量有了巨大增加，但与世界发达国家相比，我国交通运输业还存在着很大的差距，仍然是影响国民经济和社会发展的制约因素之一，其制约性具体表现在以下几个方面。

（1）基础设施总量不足、地区发展不平衡。

（2）基础设施及运输装备总体技术水平偏低，服务水平不高。

（3）运输市场发展不完善，运输管理水平偏低。

（4）目前我国运输业的发展缺乏统一规划和技术标准。

2. 我国交通运输业的发展分析

（1）交通运输业全面快速发展。

我国交通运输业无论是交通设施总量、规模，还是运输能力供给及运输质量等方面都取得了巨大成就，特别是在大规模投资的带动下，交通运输的线路网络和客货运量均快速增长，对国民经济发展的支撑作用明显增强。截至 2017 年年末，全国铁路营业里程达到 12.7 万 km，比上年增长 2.4%，其中高铁营业里程 2.5 万 km，全国铁路路网密度 132.2 km/万 km^2，增加 3.0 km/万 km^2。铁路营业里程中，复线里程 7.2 万 km，比上年增长 5.4%；电气化里程 8.7 万 km，增长 7.8%；全国公路总里程 477.35 万 km，比上年增加 7.82 万 km，公路密度 49.72 km/百 km^2，增加 0.81 km/百 km^2，公路养护里程 467.46 万 km，占公路总里程 97.9%；全国内河航道通航里程 12.70 万 km，比上年减少 80 km。等级航道 6.62 万 km，占总里程 52.1%，下降 0.2 个百分点。其中三级及以上航道 1.25 万 km，占总里程 9.8%，提高 0.3 个百分点；全国港口拥有生产用码头泊位 27 578 个，比上年减少 2 810 个。其中，沿海港口生产用码头泊位 5 830 个，减少 57 个；

内河港口生产用码头泊位 21 748 个，减少 2 753 个；共有颁证民用航空机场 229 个，比上年增加 11 个，其中定期航班通航机场 228 个，定期航班通航城市 224 个。

（2）铁路运输迈进新时代。

随着我国对西部开发投入不断加大，西部铁路建设取得了重要进展。2006 年 7 月 1 日，世界海拔最高、线路最长的高原铁路——青藏铁路正式全线建成通车，其通车运营对加快西部地区经济社会发展，改善各族人民生活，促进民族团结和巩固祖国边防，构建社会主义和谐社会起到了重要作用。

我国铁路建设加速实现了客货分线运输，使铁路货运能力大幅提升。2010 年 12 月 26 日，我国能源大动脉——大秦铁路再次打破世界铁路重载纪录，年运量突破 4 亿 t。随着"全国铁路第六次大提速"的实施，时速超过 200 km 的"和谐号"动车组开始运行在全国各地，我国铁路装备水平上了新台阶，迎来了史无前例的高速、跨越式发展，中国铁路运输达到国际先进水平。如今我国已成为世界上高速铁路发展最快、系统技术最全、集成能力最强、运营里程最长、运营速度最高、在建规模最大的国家。

（3）高速公路网络进一步完善，农村公路建设步伐继续加快。

国家高速公路网中重点建设的"五射两纵七横"14 条线路中，已建和在建路段达到 95%以上。农村公路建设拉动城乡经济发展作用显著，为建设社会主义新农村发挥了积极推动作用，成为新农村建设的最大亮点。从 2006 年开始，国家组织实施了"五年千亿元"工程，中国农村公路建设步入了历史上最大规模的快速发展新时期。通过大规模的农村公路建设，农村公路交通条件得到明显改善，为加快社会主义新农村建设，进一步解决"三农"问题提供支撑和服务。近五年来，新建和改造农村公路 120 万 km，基本实现全国所有具备条件乡镇通沥青（水泥）路，东、中部地区所有具备条件的建制村通沥青（水泥）路，西部地区基本实现具备条件的建制村通公路。

（4）港口基础设施规模明显扩大，生产能力显著增强。

近年来，沿海港口建设投资超过 3 500 亿元，在长江干线、西江航运干线和京杭运河等沿线相继建成了一批规模化、专业化港区。我国港口吞吐量已经连续 6 年保持世界第一。我国港口建设取得显著成效，成为带动临港工业、促进区域经济发展的引擎。

（5）航空运输规模快速增长，基础保障能力大幅提高。

近年来，我国民航航空业务规模快速增长，已成为全球第二大航空运输系统。我国民航运输完成了北京奥运会、上海世博会等重大航空运输保障任务，在汶川、玉树地震救援等突发事件紧急运输中发挥了重要作用，航空运输无论客运还是货运在综合交通体系中的比重不断提高。

（6）管道运输建设速度不断加快，运输能力进一步提升。

我国油气管道建设进入了快速发展的高潮时期。经过建设，我国已基本建成了横跨东西、纵贯南北、覆盖全国、连通海外的油气管道干线网，并在全国交通运输业中发挥着越来越重要的作用。

二、国内铁路客运市场发展现状

普通大众对我国铁路客运的现状给出两点评价：一是“一票难求”，特别是在节假日；二是客运服务质量差。我国铁路客运存在的上述两点不足，在很大程度也具有一定的历史原因。

第一，1979 年以前，我国实行高度集中的计划经济体制，国家财政对交通运输的建设投入力度不大。1979 年，全国交通运输总里程 120.25 万 km，其中铁路营业运输里程总共才 4.98 万 km，亏损严重。改革开放后，国家对交通运输的基础建设力度不断加大。

第二，铁路是关系国家经济命脉的关键交通运输工具，在中长距离的运输上有明显优势。各地方的铁路企业一度没有完全的企业自主权，而且行政色彩浓厚，无法运用竞争市场下行之有效的企业制度来规范企业的运营。在铁路企业的运营管理过程中难免会出现政企不分的现象。目前我国铁路营销管理机制也比较单一，没有形成针对不同旅客的不同需求进行差异化营销的管理调控机制，而且对于铁路客运的营销认识不足，认为把现在的售票员、乘务员改成营销员就是在开展营销工作，甚至对在目前火车票稀缺的状况下是否还有进行营销的必要表示怀疑。

第三，随着我国对交通运输业投入力度的加大，公路运输、航空运输、水运都有了较快的发展。特别是随着公路运输市场的放开，民营企业的介入、私人汽车拥有量的激增更是使短途客运市场上的竞争日趋激烈；而随着民航业的快速发展，“空中快线”的开通，又加大了长途客运市场的竞争激烈程度。在这种环境下，铁路企业不但要提高火车的运行速度，加快客运专线的建设，更要注重铁路客运服务的质量。

第二节　铁路运输市场环境分析

企业的营销活动是在一个复杂和变化的环境中进行的，企业营销成败的关键就在于企业能否适应不断变化的营销环境。因为不管企业的营销活动规划得多么完美，都要受到市场环境的影响。实践证明，凡是善于分析环境、适应环境、利用环境的企业，就能抓住有利于企业发展的机会，使企业不断发展壮大。因此，企业通过对市场营销环境的研究，可以监测其周围环境的发展变化，自觉地利用存在的机会，避开可能出现的威胁，发挥企业优势，克服企业劣势，从而制定有效的市场营销战略。

一、市场营销环境的含义和分类

1. 含义

市场营销环境也称市场经营环境，是指处在营销管理职能外部，影响市场营销活动的所有不可控制因素的总和。

2. 分类

企业市场营销环境的内容非常广泛，从不同的角度可以划分为多种类型。

（1）根据营销环境对企业营销活动发生影响的方式和程度，可以将市场营销环境分为两大类，即宏观营销环境和微观营销环境。宏观营销环境也称间接营销环境，其主要由人口环境、经济环境、政治和法律环境、自然环境、科学技术环境、社会文化环境等方面的基本因素构成，对企业的营销活动构成间接影响；微观营销环境也称直接营销环境，主要由供应商、企业、营销中介、顾客、公众、竞争者等组成，对企业的经营活动构成直接的影响。

（2）根据企业对营销环境控制的难易程度，可以将市场营销环境分为可控制环境和不可控制环境。可控制环境是指对企业的营销活动乃至整个企业的应变能力、竞争能力发生影响的、企业可以控制的各种内部环境因素，如市场营销目标、营销计划、目标市场的选择等；不可控制环境是指对企业营销活动发生影响的企业难以控制和改变的各种外部环境因素，如顾客、竞争对手、政治状况、技术水平及媒体等。

（3）根据影响环境的性质，可以将市场营销环境分为自然环境和文化环境。自然环境包括气候、生态系统的变化等，它的发展变化也会给企业造成一些环境威胁和市场机会；文化环境包括社会价值观念、科学和技术、政治和法律力量、经济力量等，企业高层管理者进行营销决策时必须研究这些文化因素，因为文化环境会通过影响人的欲望与行为，从而对企业的营销活动产生影响。

二、市场营销环境的特点

市场营销环境是企业生存和发展的条件，市场营销环境的发展变化，既可以给企业带来市场机会，同时也可能对企业造成严重的威胁。由于生产力水平的不断提高和科学技术的进步，当代企业外部环境的变化远远超过企业内部因素变化的速度，企业的生存和发展越来越取决于其适应外部环境变化的能力。如何适应、创造与之相适应的外部环境，对企业开展营销活动至关重要。企业要想在复杂多变的环境下熟练地驾驭市场，就必须认真研究市场营销环境。市场营销环境的特点主要表现在以下几个方面。

1. 客观性

企业是在特定的社会经济和其他外部环境条件下生存、发展的。一般来说，企业无法摆脱和控制营销环境，特别是宏观环境，难以按自身的要求和意愿随意改变它，如企业不能改变人口因素、政治法律因素、社会文化因素等，但企业可以主动适应环境的变化和要求，制定并不断调整市场营销策略。如果企业善于适应环境，就能生存和发展，否则，就难免被淘汰。企业决策者必须清醒地认识到这一点，要及早做好充分的思想准备，随时应对企业面临的各种环境的挑战。

2. 唯一性

企业所面临的营销环境具有唯一性，对每个企业而言，它面对着自己唯一的营销环境。即使是两个同处于某一行业的竞争企业，由于它们本身的特点和管理者的眼界不同，对环境的认识和理解是不同的。例如，中国加入世界贸易组织，意味着大多数中国企业进入国际市场，进行“国际性较量”。面对这一环境的变化，经济实力强、敢于竞争、勇于挑战的企业认为市场规模扩大，营销机会增加；相反，经济实力较弱、竞争能力较差的企业却认为企业将面临极大的威胁，因此企业绝对不会有相同的营销环境。环境的这种唯一性要求企业进行营销环境分析时，必须具体问题具体分析，不仅要抓住企业所处环境的共性，也要抓住其个性，同时，要求企业的营销战略选择不能套用现成的战略模式，一定要突出自己的特点，形成自己独特的战略风格。

3. 可变性

市场营销环境是一个动态概念，任何企业都不会处于一个永恒不变的环境之中。例如，改革开放以来，中国已遭遇“过剩”经济，不论这种“过剩”的性质如何，仅就卖方市场向买方市场转变而言，市场营销环境已产生了重大变化。再如，现在我国消费者的消费倾向已从追求物质的数量向追求物质的质量及个性化转变，也就是说，消费者的消费心理正趋于成熟。这无疑会对企业的营销行为产生最直接的影响。当然，市场营销环境的变化是有快慢和大小之分的，有的变化快一些，有的变化慢一些；有的变化大一些，有的变化小一些；有些变化是可以预测的，而有些变化是不可预测的、突发性的。例如，科技、经济等因素的变化相对快而大，因而对企业营销活动的影响相对短且跳跃性大；人口、社会文化、自然因素等相对变化较慢、较小，对企业营销活动的影响相对长而稳定。因此，没有一个企业在营销管理的整个过程中，始终面临着同样的营销环境。营销环境的变化，既会给企业提供机会，也会给企业带来威胁。虽然企业难以准确无误地预见未来环境的变化，但可以通过设立预警系统，追踪不断变化的环境，及时调整营销策略。

4. 相关性

市场营销环境作为一个系统，系统内的各个因素是相互制约、相互作用和相互依存的。例如，随着人们生活水平的不断提高，方便、实用的家用电器日益受到人们的青睐，但在节约能源的呼声下，在电力供应有限的情况下，企业不得不做进一步权衡，在节能的前提下去开发新产品。再如，竞争者是企业重要的微观环境因素之一，而宏观环境中的政治法律因素或经济政策的变动，均能影响一个行业竞争者加入的多少，从而形成不同的竞争格局。又如，市场需求不仅受消费者收入水平、爱好及社会文化等方面因素的影响，政治法律因素的变化往往也会产生决定性的影响。

5. 不可控制性与企业的能动性

影响市场营销环境的因素是多方面的，也是复杂的，并表现出一定的不可控性。不可控性是指外部环境的变化对于企业来说是不可控的。例如，企业不可能控制和改变国家的大政方针、政策法令及社会风俗等，更不可能控制人口的增长。市场营销环境的不可控性要求企业必须不断适应变化着的市场营销环境。当然，企业对其营销环境的适应，并不意味着企业对于环境是无能为力或束手无策的，只能消极地、被动地改变自己以适应环境，其是可以充分发挥主观能动性，从积极主动的角度出发，能动地去适应营销环境，主动调整市场营销战略和策略，并可在一定条件下转变市场营销环境中的某些因素，从而冲破营销环境的某些制约，变威胁为机会。

知识拓展

企业与市场营销环境的关系

企业并不是生存在真空中的，它总是在一定的外界环境条件下开展市场营销活动。而这些外界环境条件是不断变化的，一方面，它既给企业造成了新的市场机会；另一方面，它又给企业带来某种威胁。因此，市场营销环境对企业的生存和发展具有重要意义。企业必须重视对市场营销环境的分析和研究，并根据市场营销环境的变化制定有效的市场营销战略，扬长避短，趋利避害，适应变化，抓住机会，从而实现自己的市场营销目标。

具体来看，企业与市场营销环境的关系主要表现在以下几个方面。

（1）企业只要从事市场营销活动，就不可能不面对这样或那样的环境条件，也不可能不受到各种各样环境因素的影响和制约，因此，企业决策者必须清醒地认识到这一点，要及早做好充分的思想准备，随时应对企业面临的各种环境挑战。

（2）市场营销环境的差异性不仅表现在不同的企业受不同环境的影响，而且表现在同样一种环境因素对不同企业的影响也不相同。例如，不同的国家、民族、地区之间在人口、经济、社会文化、政治、法律、自然地理等各方面存在着广泛的差异性。这些差异性对企业营销活动的影响显然是不相同的。由于外界环境因素的差异性，企业必须采取不同的营销策略才能应对和适应这种情况。

（3）营销环境是企业营销活动的基础和条件，这并不意味着营销环境是一成不变的、静止的。营销环境总是处在一个不断变化的过程中，它是一个动态的概念。因此，企业的营销活动必须适应环境的变化，不断地调整和修正自己的营销策略，否则，将会丧失市场机会。

（4）市场营销环境是多方面的，也是复杂的，并表现出不可控性。例如一个国家的政治法律制度、人口增长及一些社会习俗等，企业不可能随意改变。有些因素在今天是可控因素，而到了明天则可能变为不可控因素。这种情况就使企业不得不做进一步的权衡，在利用可以利用的资源的前提下去开发新产品。

三、铁路运输市场营销宏观环境

铁路运输企业营销的宏观环境，通常指一个国家或地区的经济、社会及其发展状况，是铁路运输企业不可控制的因素，包括人口、经济、自然、政治法律、科学技术和社会文化环境等六大要素。从铁路运输企业营销的角度来看，运输市场是由那些想买铁路运输产品和服务而且有购买力的人构成的，这种潜在消费者越多，市场规模就越大，因此，人口的多少直接决定铁路运输市场的潜在容量，而人口的年龄结构、家庭结构、地理分布等又会对铁路运输市场需求格局产生深刻影响。

1. 人口环境

市场是由有购买欲望和购买能力的人构成的，运输企业市场营销活动的最终对象是运输产品的消费者，人口环境对运输市场产生的影响是整体的和深远的，主要体现在对运输消费需求和消费行为的变化上，影响运输市场营销活动的人口环境因素主要有人口总体规模及增长情况、人口构成、人口分布、人口流动趋势等，研究人口环境方面诸因素将会给铁路运输企业带来市场机会。

1）人口规模及增长

人口越多，增长率越高，市场对铁路运输产品的需求量也越大。运输企业开展客货营销活动，首先要了解企业运输生产吸引区域内人口的总量，以确定企业开展营销活动的市场潜力和规模。了解人口环境，既要看到目前的人口数量，又要注意人口未来的增减变化趋势，以预测市场容量。

2）人口构成

人口构成包括自然构成和社会构成，自然构成包括性别结构、年龄结构，社会构成包括职业构成、民族构成和教育程度等。以性别、年龄、职业、民族、教育程度相区别的不同运输消费者，由于在收入、生活方式、价值观念、风俗习惯、社会活动等方面存在差异，必然会产生不同层次的运输消费需求和消费行为，形成各具特色的运输消费群体。

3）人口分布

人口分布与运输企业的营销决策密切相关。一方面，人口密度的不同，人口流动量的多少，直接影响着不同地区运输需求量的大小；另一方面，人们的消费需要、购买习惯和行为在不同地区也会存在差异，这主要反映在需求构成上。从我国的人口分布看，大体上是沿海多、内地少，长江中下游、华北平原、成都平原一带人口密集，西北地区人烟稀少，人口聚居区一般就是主要的运输市场所在地。运输网的布局及发展应与人口分布相适应，这是运输企业开展营销活动应考虑的因素；反过来，运输企业营销活动的开展也会促进人口密度小、经济不发达的地区发展运输，促使劳动力和人才向这些地区流动，促使这些地区得到发展。

4）人口流动趋势

随着物质文化生活水平的提高和生活方式的改变，人们将有更多的收入和空闲时间用于探亲访友、旅游等，地理上的人口流动范围越来越大，对运输消费的需求也越来越大。从人口流动的趋势看，目前呈现以下几个特点：一是人口从农村流向城市去务工、经商；二是人口从经济不发达的内地流向经济相对发达的沿海地区；三是人口从城市向近郊迁移。人口在地区间的流动给不同地区的市场营销环境带来不同的影响，必然为运输企业提供新的营销机会。

2. 政治法律环境

在任何社会制度下，企业的营销活动都必须受到政治法律环境的强制约束，政治法律环境是指国家为发展本国经济而制定的一系列经济政策及立法。

1）政策环境因素

政策环境因素是指对铁路运输企业的营销活动产生重大影响的政府制定的有关方针、政策的总称，为了保证铁路运输市场的有效运行和铁路运输企业经济效益不断提高，铁路运输企业应密切关注国家政策的变化，对有利的政策要善加利用，不利的政策要采取相应对策，减轻对企业营销活动的影响，以回避风险。

（1）人口政策。新的“二孩”人口政策、人口自由流动政策和农民进城务工经商，促进了社会对铁路、公路、民航等运输需求的增长。

（2）产业政策。产业政策是指中央政府针对国民经济发展影响大的产业部门制定的发展政策及其配套政策的总和。作为基础产业和基础设施的铁路交通运输业，它一直是制约我国经济发展的瓶颈产业，是国家重点扶持的产业，国家对铁路交通运输实行了投资倾斜政策，这对推动我国铁路交通运输业的发展起了重要的作用；同时，国家还加快了铁路运输业基础设施建设，使我国的铁路交通运输网络建设得到了加强和完善，为铁路交通运输企业营销创造了良好的环境。

（3）能源政策。铁路交通运输业是能源的重要消费者，国家的能源政策对运输企业势必产生重大影响，国家能源总量、结构、地区分布及对某些能源消费的限制政策都会影响铁路运输企业的发展。

（4）价格政策。国家的价格政策，如实行价格管制或放开价格，对铁路运输企业的营销活动都将产生影响。国家对铁路运价控制较严，灵活性差，铁路运输价格的变化对运输需求总量及运输需求结构都将产生重大影响。如果运价提高，铁路出行需求将下降，人们将选择航空或公路出行；反之，铁路出行需求量将上升。

（5）环保政策。保护环境是人类的必然选择，国家将通过各种法规、政策，来实现保护环境的目的。

（6）财政、税收、金融与货币政策。这些政策是政府用来实施宏观调控的有效手段，随着财政、税收、金融体制改革的深化，各项政策措施的相继出台，如银行贷款利率的提高与降低，新税种的开征及税率的变化等，都会不同程度地影响着交通运输企业营销活动。

2）法律环境因素

市场营销的法律环境是指对企业的市场营销活动产生重要影响的各项法律之总和，包括产品的技术法规、技术标准及商业惯例等，例如《中华人民共和国铁路法》《中华人民共和国合同法》《中华人民共和国反不正当竞争法》《中华人民共和国消费者权益保护法》等，这些法律既保护运输市场的公平竞争、保护消费者的合法权益，又保护全社会的整体利益和长远利益，防止对环境的污染和破坏，社会组织和公民的一切活动都要在法律约束的前提下规范进行。

3. 经济环境

经济环境是指企业市场营销活动所面临的社会经济条件及运行状况，它主要包括社会购买力水平、消费者收入水平、消费者支出结构和消费者储蓄情况等。

1）社会购买力水平

社会购买力水平是指在一定时期内社会各方面用于购买产品的货币支付能力，铁路运输市场规模归根到底取决于社会购买力的水平。从营销角度看，铁路运输市场是由想购买铁路运输产品并有购买力的人构成的，而且这种现实的和潜在的消费者越多，市场规模就越大。因此，社会购买力成为铁路运输企业经营的主要环境力量，铁路运输企业营销活动必然会受到社会购买力发展变化的影响和制约。

社会购买力是一系列经济因素的函数。总的来说，社会购买力的大小取决于国民经济的发展水平、国民平均收入水平，经济发展越快，人均收入越高，社会购买力就越大，铁路运输企业的营销机会就随之扩大；相反，经济衰退，市场规模缩小，则会给铁路运输企业营销带来环境威胁。社会购买力的实现还与国家宏观经济运行状况有着密切的关系，在一定时期内国民经济处于高速增长期，必然会带来经济增长，对各种生产资料的需求量高速增长；反之则减少。这种需求周期的变化对铁路运输企业产生着重大影响，经济的增长会增加对原材料的需求，也会加大商品的周转，对铁路运输企业产生有利的影响；经济增长速度的减缓、产品积压、产销率低，对铁路运输企业产生不利的影响。如农业丰收、农产品商品率的提高、交换范围的扩大，为铁路运输企业提供了充足的货源，从而促进了货运量及货运周转量的提高，有利于铁路运输企业扩大运输。

社会购买力的实现与国家投资规模等密切相关。投资规模是指国家在计划期内固定资产更新改造投资和基本建设投资。运输总需求是由投资总需求和消费总需求构成的，在一定时期内投资的增加或减少会带来运输需求的增强或减弱，对运输企业营销必然产生不同的影响。

2）消费者收入水平

消费者收入是指消费者个人从各种来源所得到的货币收入，包括消费者个人的工资、奖金、津贴、福利、投资红利、租金、退休金、馈赠等收入。消费者收入的水平不仅决定消费者购买规模的大小，而且直接影响消费者支出行为模式，所以消费者收入状况是直接影响社会购买力、运输市场规模及消费者支出行为的一个重要因素。

消费者并不是将其全部收入用来购买货物和劳务，消费者的购买力只是其收入的一部分，消费者对可支配的个人收入一般多用来旅游、娱乐、休闲等，这部分消费者收入越多，给铁路运输企业带来的营销机会就越多，因此，消费者可支配收入是影响铁路运输服务产品需求量最活跃的经济因素。

3）消费者支出结构

消费者支出结构是指消费者各种消费支出所占的比例。衣、食、住、行等各种支出所占的比例不同，对铁路运输企业的营销活动有不同程度的影响。在分析消费结构时，人们习惯上把食品支出占家庭收入的比例称为恩格尔系数。长期以来，经济学家们也一直运用恩格尔系数来分析消费结构，把恩格尔系数作为一个国家、一个地区或一个家庭生活水平高低的重要参数，恩格尔系数的大小与生活水平成反比例关系。随着家庭收入的增加，用于购买食品的支出占家庭收入的比重会下降，用于接受教育、购买医疗服务等方面的支出占家庭收入的比重将有所增加，这就是著名的恩格尔定律，它反映了人们收入增加时，消费支出变化趋势的一般规律。

恩格尔定律已被许多国家和地区的调查所证实，因此，恩格尔系数常常作为衡量一个家庭、一个地区乃至一个国家富裕程度的重要标志，恩格尔系数越小，表明富裕程度越高。按联合国标准，不发达国家的恩格尔系数为40%～60%。近年来，我国的恩格尔系数呈下降趋势。恩格尔系数的降低说明人们用于住房、交通等方面的支出将有所增加。个人交通运输支出比例的增加，如购买私家汽车，乘坐出租车、豪华大巴、列车硬卧或软卧、高速列车等，会带来客运量的增加，这对铁路运输企业的客运营销有很大影响。

此外，消费者支出结构除主要受消费者收入的影响外，还会受家庭生命周期和家庭所在地点两个因素的影响。

① 家庭生命周期。家庭生命周期不同阶段的购买力投向往往有很大的区别，例如收入较高的家庭、没有孩子的年轻夫妇、孩子独立生活的家庭都有大量可支配的收入，有可能把更多的收入用于旅游、休闲等。

② 家庭所在地点。家庭所在地点不同，对运输服务产品的支出不同。一般来说，农村居民和城市居民在对运输产品的需求上有很大的差异，农村居民用在运输服务产品消费方面的支出较少，而城市居民在运输产品消费方面的支出相对较多。

4）消费者储蓄情况

消费者的收入通常分为两部分，一是作为支付手段形成现实的购买力，二是暂时不支出作为储蓄，储蓄虽然来源于消费者的货币收入，但其最终目的还是消费。在一定时期内货币收入水平不变的情况下，如果储蓄增加，购买力和消费支出便减少；如果储蓄减少，购买力和消费支出便增加，这对铁路运输企业的营销活动会产生或近或远的影响。储蓄的增加与减少又受政治因素、利率的变化、物价水平等多种因素的影响，应该引起铁路运输企业充分的重视。例如国家降低利率可以刺激人们的消费，人们会从储蓄存款中拿出一部分用于旅游、休闲和娱乐等，这就给铁路运输企业提供了有利的营销机会。

4. 自然环境

自然环境是指影响社会生产及企业经营的各种自然因素，主要包括自然资源、生态环境、自然气候及地理位置等，这些因素的发展变化既可给运输企业带来营销机会，又会给运输企业营销带来环境威胁。

1）自然资源

自然资源对运输企业的影响主要表现为：运输企业的运营都需消耗一定的社会自然资源，飞机需消耗航空煤油、汽车需消耗汽油或柴油、列车需消耗电能或柴油、船舶需消耗柴油，等等。运输业越发展，对这些资源的消耗量就越大，但这些资源大多为不可再生资源，随着这些资源的日益短缺，其价格会不断上涨，这将加大运输企业的运输成本，从而制约运输企业的发展和经济效益的提高。

2）生态环境

保护环境是我国的一项基本国策，也是社会经济持续发展的客观要求，运输业各种运输方式排放的废气、废水、烟尘等都将对环境造成严重的影响。随着人们环保意识的不断增强和越来越严格的环境治理法规、措施的相继出台，这对运输业提出的要求也越来越高，铁路运输企业必须采用先进的技术及高科技的环保产品，自觉地承担保护环境的义务。

3）自然气候

自然气候包括大气温度、湿度、降雨、降雾、风沙等情况及其变化，这些因素对各种运输方式的正常运行都会产生一定的影响。降雨、降雪会影响道路安全，大雾会影响司机的视线及飞机的降落，温度过低会影响汽车的启动，等等。铁路运输企业应时刻关注自然环境变化，采取相应措施来保证铁路运输企业的正常运营。

4）地理位置

铁路运输企业所处地理位置不同，直接影响运输方式、运输工具及运输成本等，因此铁路运输企业应全面分析各种地理环境因素，以便作出正确的运输决策。

5. 技术环境

随着现代科技的发展，技术环境的发展变化对铁路运输企业的影响主要表现在以下方面。

1）科学技术在铁路运输企业的应用

科学技术在铁路运输企业的应用，既可以提高铁路运输企业的劳动生产率，又能促进铁路运输企业的营销手段现代化，带来营销手段和营销方式的重大变革，提高运输企业的市场营销能力。例如铁路客票发售和预订系统、铁路运输企业市场营销管理信息系统的应用，都极大地提高了铁路运输企业的市场适应能力和应变能力。

2）高科技产品的应用

高科技产品的应用改善了铁路运输环境，液晶显示屏、空调、无线 WiFi 等在铁路运输工具上的使用都创造了良好的乘车条件，为旅客提供了一个舒适的旅行环境。

3）技术进步

技术进步促进各种运输企业开展激烈的市场竞争，也给铁路运输企业营销提供了创新的机会。市场营销的实践说明了“科学技术是第一生产力”，科学技术是促进我国经济发展的有力手段，谁认识到技术进步的重要性，注重技术开发，并能将最先进的技术应用到运输企业的生产经营活动中，谁就获得了营销成功的主动权。铁路运输企业应密切关注新技术的发展动态，不断开发新产品，寻找采用新技术改进原有运输产品的途径。新技术的应用和新产品的开发必须符合市场的需求，才能实现其技术经济价值。我国铁路机车车辆的不断更新换代，使高速铁路列车成为铁路运输方式获得更多客源的有力“武器”。

6. 社会文化环境

社会文化环境是由价值观、宗教信仰、行为准则及风俗习惯等内容构成的，它影响人们的购买欲望和行为。例如我国的春节运输往往是旅行消费最旺盛的时期，是客运生产的高峰期，这种探亲访友的出行欲望和行为就是受我国传统文化的影响。而且不同文化层次的旅客由于生活经历、环境、价值观念和兴趣的不同，旅行消费的欲望和行为会产生很大的差异。铁路运输企业不能忽视对社会文化环境的分析，这对开辟新的目标市场尤为重要。社会文化环境不像其他环境那样显而易见，但时刻影响着铁路运输企业的营销活动。研究和认识各种文化差异及其对人们需求的影响、制约，是铁路运输市场营销环境研究的重要内容。例如，对社会文化环境分析一般应从受教育程度、风俗习惯、价值观念及亚文化群等方面进行，运输企业根据不同地区风俗习惯，有针对性地开行节假日、春运、清明扫墓列车或班次等；根据不同文化层次、不同价值观念的消费者的兴趣和偏好，提供不同特色的运输服务，满足他们不同的消费需求；针对球迷、游客、学生等亚文化群对铁路运输服务的特殊消费需求，开行专门列车或班次等。

四、铁路运输市场微观环境

铁路运输市场的微观环境包括铁路运输企业自身条件、旅客和货主、竞争者、营销中间商、供应商和社会公众等因素。运输企业市场营销的目标主要是在企业盈利的前提下为目标市场顾客服务，满足运输市场的特定需求。要实现这个任务，企业必须把自己与供应商和营销中介联系起来，以接近和服务目标顾客。供应商—企业—营销中间商—消费者形成了企业基本营销系统，此外企业营销目标的实现还要受竞争者和社会公众这两个因素的影响。

1. 铁路运输企业自身条件

铁路运输企业自身的条件是企业营销活动最直接的环境因素，它处于企业营销环境的中心。分析铁路运输企业自身条件状况的目的是明确企业内部的优势和劣势，判别其是否具备捕捉营销机会的能力。铁路运输企业自身条件主要包括运营基础设施条件、铁路运输企业内部经营管理等。

1）运营基础设施条件

良好的基础设施是保证铁路运输企业运营的重要条件，也是影响铁路运输企业营销效率及效益的重要因素。铁路基础设施主要包括铁路路网布局、营业里程、车站规模与数量、通信信号设备、机车车辆等。根据我国铁路运输现状，应健全铁路安全保障系统，配套发展机车车辆、线路、通信信号等技术基础设施，充分发挥铁路运输中长距离、大运量、全天候运营的优势。

2）铁路运输企业内部经营管理

企业内部经营管理的分析主要是对铁路运输企业内部管理体制、营销机制及营销组织体制等因素的分析。铁路运输企业内部各个部门、各个管理层次之间的分工是否科学，协作是否严密、协调，营销管理部门能否与运输、计划、财务、物资供应、企业管理等业务部门密切配合、目标一致，都直接影响着企业营销活动的顺利进行。特别对于铁路运输这样一个以网络线路为基础，靠车、机、工、电、辆等部门共同劳动才能生产出整体产品的特殊企业群体，对企业自身的状况和内部经营管理有一个全面、正确、整体的认识和分析，对做好铁路运输市场营销工作是至关重要的。

2. 旅客和货主

旅客和货主是铁路运输企业服务的对象，铁路运输市场营销活动必然是围绕着他们开展的。旅客和货主根据其需求的不同，可以分为不同类型、不同层次的消费群体，并且旅客和货主的需求是不断变化的，这就要求铁路运输企业针对不同的消费群体，通过不同的营销方式提供不同的运输服务产品，这对铁路运输企业营销决策的制定和实施具有很大的影响与制约作用。

3. 竞争者

在市场营销环境分析中，不能缺少对竞争者的分析。每个企业都应充分了解目前市场上谁是自己的竞争者，在某一时期谁是主要竞争者，竞争者的策略是什么，本企业与竞争者的力量对比如何，以及自己和竞争者在市场上的地位，各自的优势和缺陷是什么等。企业这样做的目的在于扬长避短，充分发挥自己的优势，力争在市场上占据主动地位。

市场经济是竞争的经济，铁路在运输市场上的竞争者的状态如何，直接影响铁路运输市场营销活动。目前铁路在客、货运输市场上的竞争对手主要是公路、水运和航空，而公路、水运和航空自改革开放以来已基本实现政企分开，并早已跨步走向市场。铁路政企分开，走向市场的步伐十分缓慢，这使得公路、航空等在市场营销方面已先走一步，取得了一定的优势地位。目前公路的优势主要表现在：公路越修越长，线路等级越来越高，线路运行方向越来越多，客运班次越来越密，豪华客车越来越豪华，短途运输方式越来越多，营销策略越来越灵活，服务水平越来越高等。目前民航的优势主要表现在：航线开辟越来越多，飞机和地面设备越来越先进，价格政策十分灵活，对市场的反应十分灵敏，机票销售网络发达，管理科学严谨，服务档次高，有较高的信誉等。铁路运输企业在制定营销策略时，必须调查竞争对手的数目、规模、能力和营销策略。值得注意的是，铁路运输企业作为一个多层次、多企业的集团性单位，还存在着内部竞争问题，如中国铁路各局集团有限公司（以下简称铁路局）间的运输产品竞争等，这些也应予以重视和分析。

4. 营销中间商

营销中间商是指协助铁路运输企业分销其运输产品给最终消费者的机构或个人，包括运输代理公司、营销服务机构等。铁路运输企业在市场营销过程中，会与各类营销中间商发生协作关系，这些营销中间商为铁路运输企业提供客源和货源，营销中间商在推销产品，提供市场咨询、保险、资金融通及产品广告宣传等方面，具有不可替代的作用。铁路运输企业只有在市场营销活动中积极发展与各类营销中间商的有效协作关系，才有可能巩固和发展铁路在运输市场中的主体地位。

5. 供应商

供应商是向铁路运输企业提供生产运输产品所需原材料、设备、燃料、动力等资源的企业或个人。铁路运输企业每天消耗着大量的各种物资，而其中绝大部分是靠铁路以外的供应商提供的，供应商所提供的各种资源的数量、质量和价格直接影响铁路运输成本，进而影响铁路运输产品的质量、价格和利润。如何在不断变化的物流市场中与供应商建立密切、稳定、有效的协作关系，对企业营销目标的实现有重大意义。

6. 社会公众

运输企业市场营销的微观环境必然包括企业周围的各种社会公众。所谓公众是指对一个组织实现其目标，具有现实和潜在利益关系与影响力的任何团体和个人。一般企业所面临的社会公众包括：一是金融机构，如银行、投资公司、证券交易所、保险公司等；二是媒介，如报纸、杂志、广播、电视、互联网等；三是政府，即与运输企业经营活动有关的各级政府部门和企业的主管部门等；四是群众和社会团体，如运输企业附近的居民，消费者利益保护组织、环境保护组织，以及一般社会群众等；五是内部公众，包括企业的领导、各层次管理人员及每个职工。铁路运输市场营销活动总是影响着上述各类公众的利益，因此铁路运输市场营销必然受到社会公众的关注、监督、制约，这些公众必然以各种方式来直接或间接地影响企业营销活动。铁路运输企业在开展市场营销活动时，必须处理好企业内、外部的关系，在公众中树立良好企业信誉和形象。

构成铁路运输市场营销微观环境的各种因素和力量影响着企业为目标市场服务的能力。

知识拓展

运输消费者购买行为之动机分析

运输消费者购买行为是指消费者购买运输产品的活动和与这种活动有关的决策过程（包括收集信息，比较购买，使用和购后的有关活动）。运输产品有不具实物形态、不可储存性和缺乏所有权性等多种特点，从而使运输消费者购买行为具有特殊性。

运输消费者购买行为主要受四种心理因素影响：动机、知觉、学习，以及态度。

运输消费者的乘车主导动机可分为：（1）健康动机，为了身心健康而产生的外出动机，如外出就医，疗养，休息，运动等；（2）文化动机，为了增加见识，丰富阅历而产生的出行动机，如参观，旅游等；（3）交际动机，为了建立与保持某些人际关系的需要和为了摆脱某些环境而产生的出行动机，如探亲访友、应邀访问等；（4）业务动机，为了各种公务、商务活动而产生的出行动机，如参加各种学术会议、交流、商务洽谈、经商购物等；（5）宗教动机，为了宗教信仰，参加宗教仪式、观礼、祭祀等而产生的出行动机。

运输消费者在选择运输方式时，还具有不同的购买心理动机，表现为：（1）求实心理动机，此类消费者非常讲求旅行的实际目的和质量，他们的心理不易受宣传、劝说的影响；（2）求廉心理动机，此类消费者对运输产品的价格和价格差异十分敏感，偏好低价运输方式，折扣、降价等营销手段对他们诱惑力较大；（3）求新、求奇心理动机，此类消费者倾向于追求新鲜、奇特的体验，极易冲动，决策变化快，往往忽视其他实惠性条件；（4）求名心理动机，此类消费者注重他们在社会上的声誉，并以此来表示自己的经济实力和社会地位，以满足自豪感和优越感；（5）求稳心理动机，此类消费者只图平平安安，不喜欢过于热闹与新奇的刺激，此类消费者多为老年人或性格内向的人；（6）习惯心理动机，此类消费者对某种运输产品习惯了，一般就很难改变其习惯性选择；（7）同步心理动机，此类消费者通常与相关群体保持同步，受相关群体的影响较大。

第三节 铁路运输市场调查

一、铁路运输市场调查的含义

1. 铁路运输市场调查的概念

铁路运输市场调查是指铁路运输企业为了实现自身经济利益和社会公益目标，运用科学的方法和手段，系统地、有目的地收集、分析和研究与铁路运输市场营销有关的各种信息，掌握铁路运输市场现状及发展趋势，找出影响铁路运输企业市场营销的主要因素，为铁路运输企业准确地预测和决策，有效地利用市场机会提供正确依据的一种市场营销活动。

具体而言，铁路运输市场调查是指铁路运输企业对运输客源地、货源地进行的调查研究工作，通过市场调查，了解和掌握客源、货源构成及流向、流量等信息，为客源及货流组织工作准备资料，为保证运输计划有节奏、均衡地实施提供客观依据。

2. 运输市场调查的主要内容

现代企业进行市场调查的内容非常广泛，包括与企业市场营销活动直接或间接有关的一切信息和因素。对于不可控市场因素进行调查主要是为了了解和把握运输市场的大环境、市场需求状况及竞争对手的状况，进而对本企业的运输经营、运输政策进行调整，达到适应客货运市场的目的。对可控市场因素的调查是为了发现铁路运输企业自身存在的问题，包括客货运产品、价格、分销渠道及促销等方面的问题，从而为改进客货运产品设计、完善客货运产品结构，建立合理的定价机制及制定有效的销售政策服务。

（1）对直接或间接影响客货运市场的政治法律因素的调查。对铁路运输企业来说，对客货运市场进行政治法律因素的调查，主要是为了了解党和国家所制定的有关交通运输业的方针和政策，包括政府经济政策、体制改革状况、地区（部门）的交通政策及其变化情况、运输市场法律法规的建立和变化，以及国家的经济法规、环境保护法规、外贸政策、税收制度、外汇制度，等等。

（2）对经济环境因素的调查。铁路运输企业在制订未来工作计划时，要对当前的经济形势有所了解。对铁路货物运输状况、能源及资源的分布、社会生产布局、国民经济发展态势等内容进行调查，有助于铁路运输企业做出合乎市场情况的工作计划，有利于企业的良性发展。

（3）对社会文化因素的调查。任何一个国家、民族都有其独特的生活方式、宗教信仰及民族习惯，这些因素对市场的影响是显而易见的。社会文化因素在很大程度上决定了客货运消费者的价值观念和市场行为，因此，对于社会文化因素的调查也是运输企业市场调查的一项重要的内容，不容忽视。

（4）对客货运消费者基本状况的调查。铁路运输企业要有计划地组织运输生产，必须了解企业目标消费群体的结构组成及消费特点。如对货运的基本情况调查主要包括对本企业辐射范围内的货运消费者的规模结构、性质结构、运量构成及货运消费者对各种运输方式的偏好等多方面内容。

（5）对竞争对手的调查。在市场竞争越来越激烈的形势下，优胜劣汰是市场竞争的必然结果，随时了解竞争对手的情况是使自己立于不败之地的有效办法。铁路运输企业对竞争对手的调查主要包括：竞争对手的数量、结构、市场占有率、竞争对手的市场竞争策略、竞争对手的经营实力（规模、资金、技术等）。

（6）对新技术发展的调查。铁路运输企业要了解可能会影响客货运市场的新技术、新工艺、新材料的发展、更新。例如可以调查高速铁路这一项新技术会给铁路运输企业带来哪些发展的契机；还可以调查高速公路的飞速发展会给铁路货运带来什么影响，等等。

知识拓展

铁路运输企业对货运市场的调查

1. 铁路货运产品的调查

所谓铁路货运产品是指铁路运输企业为托运人提供的货物运输服务。铁路运输企业对货运产品的调查主要包括以下几个方面的内容：① 对现有货运产品品牌的调查，调查某货运产品品牌如“五定班列”的知名度、档次、信誉等；② 对现有货运产品状况的调查，包括现有货运产品的结构组成、市场需求、经营状况等；③ 关于新产品设计的调查，主要是充分了解新的市场动向、货主的需求变化等，以便有针对性地设计新的货运产品，满足新的市场需求；④ 对货运延伸产品的调查。铁路货运产品不仅包括为货主提供货物运输服务，还应包括为货主提供的一系列附加服务，如为货主提供的托运服务、货运咨询、上门取送货、货物保价运输等服务。货运延伸产品的质量至关重要，它甚至会影响货主的运输决策。

2. 铁路货运产品价格的调查

铁路运输企业只有建立良好的运价机制，才能取得较高的利润而又不影响货主的运输决策。企业要为货运产品制订一个合理的价格，必须掌握多种资料，包括生产成本、市场供求状况、竞争对手的价格水平、货主对目前运价水平的满意程度等。

3. 铁路货运代理网点的调查

合理地设置货运代理网点，有利于铁路运输企业吸引货源、增加运量，有利于提高企业的市场竞争力。对货运代理网点的调查包括货运代理网点的数量和分布是否适应货运市场的发展变化，是否能较好地满足货主的要求等。

4. 铁路货运促销方面的调查

促销是现代企业市场营销活动的基本策略之一，其目的是在通过启发、推进或创造消费者的需求，引起消费者的消费欲望，并最终实现相应的消费行为。

二、铁路运输市场调查的意义和程序

1. 铁路运输市场调查的意义

铁路运输企业进行客货运市场调查的目的是为企业各级管理人员进行科学预测，确定经营方针，编制运输计划，改变经营决策提供论据，其对铁路客货运生产经营具有极其重要的意义。

1）有利于铁路运输企业进行经营决策和制订经营计划

铁路运输企业通过市场调查，可以了解和掌握国内外运输市场的需求，了解客源、货源的变化规律及发展趋势，为企业经营、生产状况的核定提供重要的前提条件。企业可以根据市场外部条件的变化来调整其生产经营活动，可以使铁路运输企业及时、敏锐地觉察到运输市场的变化情况，保证企业经营决策的及时、准确。

2）有利于提高企业的经营管理水平

铁路运输企业要使自己提供的产品被市场接受，就必须了解同行业先进企业的生产和经营情况，掌握竞争对手的策略，取长补短，提高本企业的经营管理水平。

2. 铁路运输市场调查的程序

市场调查是一种科学“探索”行为，它具有很强的科学性，为了保证市场调查的准确性，必须遵循一定的程序。

1）确定铁路运输市场调查的目标

铁路运输市场调查的目标指明了整个调查项目的总方向，是调查活动的起点，也是极其关键的一步，对其后的调查工作有着重要的指导意义，决定着未来调查工作的成败。一般来说，良好的调查目标需要回答以下几个问题：① 为什么要进行该项调查？② 为达到调查目标需要收集哪些材料和基本数据？③ 如何利用这些资料和基本数据？

2）确定铁路运输市场调查的方案

确定了调查目标后，就要拟订调查方案。制订调查方案要从大处着眼，小处着手，注意各个阶段的衔接。调查方案是调查活动的行动纲领，是整个调查活动的工作计划，是未来调查工作的规划蓝图，因此，设计一个合理的调查方案对后续调查工作的开展意义重大。

3）设计调查表格及调查问卷

调查表格和调查问卷作为搜集资料的工具，其设计得合理与否是至关重要的，因此必须精心地设计以发挥其应有的作用。

4）具体实施铁路运输市场调查

拟订好调查方案，设计好调查表及调查问卷以后，就进入调查资料的收集阶段。这个阶段的主要任务是组织调查人员深入实际，按照调查方案的要求搜集各种资料。搜集资料包括文献调查和实地调查两种方式。文献调查主要是查询各种已经公开发表的统计资料、报刊及企业报表，以期获得有用的资料；实地调查包括访问调查、观察调查和实验调查三种方法，实地调查使市场调查的主体可以获得比文献调查更有效、更精确、更有针对性的资料，因而在市场调查活动中得到了广泛的应用。

这一阶段是市场调查能否取得成功的关键，是花费财力和人力最多，以[illegible]容易产生调查误差的阶段，因此要挑选和培训一批有知识、有经验的调查人员，建[illegible]查队伍。

5）分析整理调查获得的资料

分析整理阶段是调查能否发挥其应有作用的关键。获得大量[illegible]先要对资料进行审核、订正、分类、汇总，根据调查的目标进行[illegible]在这一过程中要运用计算机技术、统计分析技术，通过分析、研[illegible]市场变化的来龙去脉，探索解决问题的办法。

6）撰写铁路运输市场调查报告

铁路运输市场调查报告是市场调查成果的集中体现。铁路运输市场调查报告要根据调查目标和搜集到的数据资料，做出判断性的结论，提出建设性的意见，使调查工作发挥应有的作用。

三、铁路运输市场调查问卷的设计

调查表格和调查问卷都是市场调查中搜集资料的工具，它们的设计是否完善、合理，直接关系到调查数据的质量，必须精心设计。

1. 调查表的设计

调查表是把根据调查目的所确定的具体调查项目按照一定的顺序排列成表格的一种调查工具。正确地运用调查表有利于调查项目和内容的条理化、规范化，以便于在调查后统计、汇总有关数据。

1）调查表的格式

调查表的内容要包括被调查者的基本情况、调查的内容和调查表说明，一般由表头、表体和表脚三部分组成。表头用来表示调查表的名称、填表单位（人）的名称、性质、地址和隶属关系等，它既可以用来核实和复查被调查单位（人）的资料，也可以用来进行统计分析；表体是调查表的主要部分，包括需要调查的各种项目、指标名称，纵栏和横栏的编号，计量单位等；表脚既包括调查人或填表人的签名和调查日期。此外，还应编制填表说明，包括对各个项目的解释、有关栏目的填写范围、填写规范及填表的注意事项等。

2）设计调查表应注意的问题

首先，调查表的设计要根据调查的目标，具体地列出调查表项目。

其次，调查表的形式有两种，即单一表和一览表。单一表是在一张表格上只登记一个调查对象的资料，它可以包含较多的调查项目，适用于较详细的调查；一览表是在一张表格上登记若干个调查对象的资料，适用于调查项目不多的调查，它能节省人力、物力、财力。

最后，根据列出的调查项目，设计调查表的纵栏及横栏的名称、编号。

2. 调查问卷的设计

调查问卷由一系列具有相关性的问题和相应的选择项构成，它主要用于调查被调查者市场行为和消费倾向等内容。

1）调查问卷的格式

一份完整的调查问卷通常包括标题、问卷说明词、被调查者基本情况、调查内容、编查者签名和调查日期等。

设计调查问卷应遵循的原则

目的性原则。询问的问题必须与调查的目标相一致，必须与调查的主体密切相关。

这就要求在设计调查问卷时，突出重点，避免可有可无的问题，并把问卷主体分解为若干详细的细目，然后根据细目分别做成具体的问题供调查者回答。

（2）可接受性原则。由于被调查者对是否接受调查有绝对的自由，他们可以采取合作的态度，也可以采取对抗行为，因此请求合作就成问卷设计中一个十分重要的问题。问卷设计者应在问卷说明词中将调查的意义和目的告诉被调查者，以求得他们的认同和支持，说明词要亲切、温和，提问要自然、有礼貌、有趣味，必要时可采用一些物质鼓励，并允诺为被调查者保密。

（3）顺利性原则。在问卷设计中要讲究问题的排列顺序，使问卷条理清楚，顺理成章。一般说来，应把容易回答的问题放在前面，较难回答的问题放在中间，敏感性问题放在最后。从题型角度来说，应把封闭性问题放在前面，开放性问题放在后面，且开放性问题不宜过多。

（4）简明性原则。调查内容要简明，没有价值或无关紧要的问题不要列入；调查时间要简短，一般在 30 min 为宜，问卷题目数也不要过多；问卷设计的形式要简明易懂。

（5）可解释性原则。被调查者的回答要便于检查，便于进行数据处理和分析，所设计的问题要考虑到能对问题结果作适当分类和解释。

知识拓展

铁路运输市场调查问卷举例（部分）

请逐项填写如下问卷，对于选择题请在字母上画“√”

1. 运输市场基本信息

运输市场名称：

经营单位名称：

通信地址：

网址：

法定代表人：

联系人：

手机号码：

电话：

传真：

电子邮件：

2. 贵企业的性质：

A. 国有企业　　B. 民营企业　　C. 外资企业　　D. 合资企业

E. 其他

3. 贵企业涉足物流行业的时间：

A. 少于 2 年　　B. 3～5 年　　C. 6～10 年　　D. 11～15 年

E. 15年以上

4. 贵企业的主营业务是（可多选）：

A. 运输服务　B. 货运代理服务　C. 仓储服务　D. 配送服务

E. 物流金融服务　F. 物流咨询服务　G. 其他增值服务

5. 贵运输市场地理位置临近（可多选）：

A. 高速公路　B. 国道　C. 铁路（是否有铁路专用线接入?）

D. 机场　E. 码头　F. 海关

G. 工业园区　H. 高科技产业开发园区

I. 经济技术开发区　J. 保税区　K. 港口

6. 贵运输市场的物流服务能力：

有集装箱牵引车________台、普通及特种货物运输车辆________台、集装箱装卸及配套作业设备________台；自备集装箱________组，具备年发运________标箱的能力。

7. 在贵运输市场中流转的商品主要有（可多选）：

A. 钢材　B. 有色金属　C. 建材　D. 食品

E. 家电　F. 日用品　G. 煤炭　H. 农产品

I. 水产品　J. 集装箱　K. 其他

8. 企业选择贵运输市场的原因：

A. 园区品牌好　B. 优惠条件　C. 交通方便　D. 交易条件好

E. 租金便宜　F. 配套设施齐全、服务质量高　G. 其他

9. 影响企业选择贵运输市场的原因：

A. 本地物流业发展不具规模　B. 租金太贵

C. 离市中心远，人员上班不便　D. 配套设施差

E. 管理水平落后　F. 其他

10. 贵运输市场在发展过程中遇到的阻力：

A. 战略定位不明确　B. 目标市场划分不充分

C. 地理位置不理想　D. 没有优惠政策

E. 审批困难　F. 资金不能及时到位

G. 配套设施未及时跟上　H. 招商困难

I. 征地困难　J. 功能单一

K. 通关不便　L. 其他

四、铁路运输市场预测

1. 铁路运输市场预测的概念

铁路运输市场预测是指铁路运输企业在运输市场调查的基础上，运用科学的预测方

法，对运输市场上运输产品的供需态势及与之相联系的各种因素变化进行预计和推测，从而为铁路运输企业确定发展目标、制定运输经营决策提供科学依据。

2. 铁路运输市场预测的分类

（1）从市场预测的时间分类，铁路运输市场预测可分为长期预测（一般指 5 年以上的预测）、中期预测（一般指 2～5 年的预测）、短期预测（一般指 1～2 年的预测）、近期预测（一般指 1 年以内的预测）。

（2）从市场预测的项目分类，铁路运输市场预测可分为单项预测和复项预测。如对某种货运产品的价格水平、销售量、销售利润、市场占有率等指标进行预测，在这些指标中选择其中一个项目进行预测就是单项预测。复项预测是对市场供求关系中两个以上项目的综合性预测。如对新年、春节期间客运量进行复项预测，可以根据上一年实际客运量和当年的市场调查进行预测，以制定相应的销售方案。

（3）从市场预测的性质分类，铁路运输市场预测可分为定性预测和定量预测。定性预测是指预测者根据已掌握的历史资料和直观材料，运用个人的经验和分析判断能力，对事物的未来发展做出性质和程度上的判断，然后，再通过一定形式综合各方面的意见，作为预测的主要依据。定量预测是根据营销变化的数据资料，运用一定的数学方法进行科学的加工整理，借以揭示有关变量之间的规律性联系，对营销变化的前景做出量的估计。

（4）从市场预测的范围分类，铁路运输市场预测可分为微观经济预测（如基层铁路运输单位在各种经济活动中进行的经济预测）、中观经济预测（如部门或地区的铁路运输总量方面的预测）、宏观经济预测（如全国运输市场供求总量预测）。

3. 铁路运输市场预测的步骤

1）确定预测目标

明确目标，是开展市场预测工作的第一步，因为预测的目标不同，预测的内容和项目、所需要的资料和所运用的方法都会有所不同。为了保证铁路运输市场预测目标的实现，要制定详细、切实可行的预测计划，预测计划应包括预测工作的负责人、预测前的准备工作、收集和整理资料的步骤和方法、预测方法的选择、预测精确度的要求、预测工作的期限、预测费用等。预测计划不是一成不变的，可以在实际预测工作中对原计划做必要的调整。

2）搜集资料

进行市场预测必须占有充分的资料。有了充分的资料，才能为市场预测提供可靠的依据。在市场预测计划的指导下，调查和搜集有关资料是进行市场预测的重要一环，也是预测的基础性工作。收集资料的范围包括统计资料、会计资料、业务技术考核资料、计划资料、方针政策和其他社会调查资料等。在收集资料时要注意资料的来源和更新的可能性。对所收集的资料要进行认真的审核，对不完整和不适用的资料要进行必要的调整。

3）选择预测方法

根据预测的目标及各种预测方法的适用条件和性能，选择合适的预测方法，有时可以运用多种预测方法来预测同一目标。预测方法的选用是否恰当，将直接影响预测的精确性和可靠性，运用预测方法的核心是建立描述、概括研究对象特征和变化规律的模型，根据模型进行计算或者处理，即可得到预测结果。

4）预测分析和修正

分析是对调查搜集的资料进行综合分析，并通过判断、推理，使感性认识上升为理性认识，从事物的现象深入到事物的本质，从而预计市场未来的发展变化趋势。在分析评判的基础上，通常还要根据最新信息对原预测结果进行修正。

5）编写预测报告

运输市场预测的目的是为决策提供依据，预测人员要及时根据预测值与实际值之间的差异和预测工作中的实践经验及评审意见，及时调整预测方法和预测值，并提出正式的预测报告和说明。预测报告应该概括预测研究的主要活动过程，包括预测目标、预测对象及有关因素的分析结论、主要资料和数据，预测方法的选择和模型的建立，以及对预测结论的评估、分析和修正等。

4. 铁路运输市场预测的方法

1）铁路运输市场的定性预测

铁路运输市场的预测者依靠业务知识、丰富的经验和综合分析能力，根据已掌握的历史资料和直观材料，运用个人的经验和分析判断能力，对事物的未来发展做出性质和程度上的判断，然后，再通过一定形式综合各方面的意见，作为预测未来的主要依据。定性预测的优点在于：注重在性质方面对事物发展进行预测，具有较大的灵活性，易于充分发挥人的主观能动作用，集思广益。其缺点在于：易受主观因素的影响，比较注重经验和主观判断能力，从而易受预测者的知识、经验和能力的限制，其还缺乏对事物发展做数量上的精确描述。常见的定性预测方法主要有判断预测法、头脑风暴法和德尔菲法。

（1）判断预测法是以企业领导层和基层人员的经验和判断为基础，经过综合分析，判断未来的铁路运输市场情况。该方法多用于一般性预测，内容不够细致，对运输市场变化、消费者购买意向难以细分。比如，对客运产品需求量的预测，根据有关理论可知，客运产品需求量取决于一定运输市场预测范围内的人口数量及其对该客运产品的消费量，从而可以通过调查预测范围内的人口数量和消费量的变化趋势，判断该客运产品需求的发展趋势。

（2）头脑风暴法又称智力激励法、或自由思考法（畅谈法、集思法）。在群体决策中，由于群体成员心理相互作用影响，易屈服于权威或大多数人意见，形成所谓的“群体思维”，“群体思维”削弱了群体的批判精神和创造力，损害了决策的质量。为了保证群体决策的创造性，提高决策质量，管理学界开发了一系列改善群体决策的方法，头脑风暴法是较为典型的一个。采用头脑风暴法组织群体决策时，要召集有关专家召开专题会议，主持者向所有参与者阐明问题，说明会议的规则，尽量创造融洽的会议气氛，由专家们“自由”提出尽可能多的方案。

（3）德尔菲法也称专家调查法，1946 年由美国兰德公司实行。该方法是由企业组成一个专门的预测机构，其中包括若干专家，按照规定的程序，“背靠背”地征询他们对未来市场的意见或者判断，然后进行预测的方法。其大致流程是：就所要预测的问题征求专家的意见，并对专家意见进行整理、归纳、统计，再匿名反馈给各专家，再次征求意见，再集中，再反馈，直至得到一致的意见。德尔菲法能充分发挥专家的作用，集思广益，准确性高，能把各位专家意见的分歧点表达出来，取各家之长，避各家之短；其缺点是权威人士的意见会影响他人的意见；有些专家碍于情面，不愿意发表与其他人不同的意见；出于自尊心而不愿意修改自己原来不全面的意见；过程比较复杂，花费时间较长。

2）铁路运输市场的定量预测

运用定量预测方法，一般需要大量的统计资料和先进的计算手段。定量预测方法大致可分为两大类，即时间序列预测法和因果分析预测法。

（1）时间序列预测法。

时间序列是指将某种统计指标的数值，按时间先后顺序排到所形成的数列。时间序列预测法就是通过编制和分析时间序列，根据时间序列所反映出来的发展过程、方向和趋势，进行类推或延伸，借以预测下一段时间或以后若干年内可能达到的水平。

（2）因果分析预测法。

时间序列分析把过去和未来的销售都看作是时间的函数，即仅随时间的推移而变化，不受其他任何现实因素的影响，但是任何产品的销售都要受到很多现实因素的影响。因果分析预测法是以事物之间的相互联系、相互依存关系为根据的预测方法。它是在定性研究的基础上，确定出影响预测对象的主要因素，从而根据这些变量的观测值建立回归方程，并由自变量的变化来推测因变量的变化。因果分析法的主要工具是回归分析技术，因此其又被称为回归分析推测法。

在利用这种方法预测时，首先要确定事物之间相关性的强弱，相关性越强，预测精度越高；反之，预测精度就越差。同时还要研究事物之间的相互依存关系是否稳定，如果不稳定，或在预测期内发生显著变化，则利用历史资料建立的回归模型就会失效。

运用回归方程进行分析预测的方法主要有三种：一元回归预测，分析一个自变量与因变量之间的相互关系，利用一元回归方程进行预测；多元回归预测，分析因变量与若干个自变量之间的相互关系，运用多元回归方程通过若干个自变量的变化去预测因变量的变化；自回归预测，用因变量的滞后值作为自变量，建立回归方程进行预测，如根据运输市场货运消费者目前的货运消费水平，预测其下一周期的货运消费水平。

实训分析

项目实训：铁路运输市场营销环境分析

【实训目标】

（1）学会分析市场；
（2）了解铁路运输市场环境；
（3）树立运输市场营销环境分析意识。

【实训内容与要求】

（1）全班同学自由组合成若干个学习小组，各学习小组通过课堂学习，对相关概念建立较深的认知。

（2）各学习小组通过在图书馆查阅资料、上网收集信息、对铁路运输企业进行调研等方式，熟悉铁路运输市场营销环境的现状。

【实训成果与检测】

各小组成员提交简要的书面分析报告，并进行课堂交流与讨论，教师根据每个人的分析报告与讨论表现进行评估、打分。

第三章
铁路运输目标市场

案例导入

“京津冀”旅游专列——细分客运市场

随着人民群众物质生活水平的不断提高，人们的生活观念也在发生着改变，人们的生活品位也不再满足于“吃穿用”，而是更多地去追求精神层次的升华。走出去看看、去远方逛逛，渐渐成了人们生活的一个重要组成部分。

2018 年 8 月 17 日，首趟北京至承德塞罕坝方向的“京津冀”旅游专列从北京站始发。与以往不同的是，这趟旅游专列配备了 2 节多功能车厢，设有书吧、茶吧、酒吧，让旅客在列车上享受到高品质旅游新体验。这是铁路部门大力提升客运服务品质，进一步丰富旅游专列的一项新举措，让远方有景更有诗意。这种省心、省时、省力的出游方式深受旅客欢迎。

走出去看风景的交通方式多种多样，开通旅游专列，意义重大。近年来，铁路的改革创新大家有目共睹，从夕发朝至的高铁动卧，到如今旅游专列的开行，铁路部门一直向着丰富产品形式，满足旅客不同层次的需求而努力，用服务与实力赢得顾客。记得在网络上看过这么一句话：一个人要么读书，要么旅行，身体和灵魂总要有一个在路上。是啊，在这个景色宜人的季节，又有谁不想摆脱工作的束缚，来一场说走就走的旅行呢。安全、方便、快捷的铁路成为人们出行的首选，为人们的出行保驾护航，让旅客在更快的时间体验不同的景色，感受生活的快乐。

高铁在安全性、舒适性、准点性上表现十分突出，相比其他交通工具有着不可替代的作用。而普通的客运列车在长途和偏远地区旅行上的优点也非常明显，很多火车线路途经之地本来就是“一路风景一路歌”，可谓乘车的过程本身就能给乘客带来难得的美景享受，这时乘车也成了旅游的一种特殊形式。网上也有相关的最美路线的出行介绍，这无疑为“客运+旅游”营造了良好的氛围。

启示：在本案例中，铁路部门根据客流的现状，通过“客运+旅游”来细分市场，吸引了大量潜在的顾客，从而达到盈利的目的。

铁路作为国家重要的基础设施，是一种大众化、大容量、全天候的交通工具，长期以来在综合运输体系中占有重要地位。随着我国社会主义市场经济体制的逐步发育完善和国民经济的快速发展，旅客运输市场的竞争日趋激烈，民航、公路等运输行业的发展势头强劲，特别是高速公路的迅速崛起，其网络规模大有形成“合围之势”，这些给铁路旅客运输带来了巨大的冲击，因此，必须估计每个细分市场的吸引力程度，将企业的目标市场定位在一个或多个细分市场，突出投放该细分市场的产品的竞争优势，并采用一组可控制的战术营销手段，从而创造最大的顾客价值和企业效益。

第一节　市场细分与目标市场概述

一、运输市场细分的含义

市场细分是美国市场学家温德尔·史密斯于 1956 年首先提出来的概念。该理论是在第二次世界大战后美国许多产品的市场由卖方市场向买方市场转变的情况下提出的。在这次转变过程中，市场竞争日益激烈，越来越多的卖主积极寻求新的市场机会以求得生存和发展。在这一形势下，市场细分概念的提出推动了企业营销思想的发展，使企业能更好地以市场需求引导生产和经营。

市场细分是指企业按照某种标准将市场上的顾客划分成若干个顾客群，每一个顾客群构成一个子市场，不同子市场之间，需求存在着明显差别。市场细分是选择目标市场的基础。市场营销活动包括细分一个市场并把它作为公司的目标市场，设计正确的产品、服务、价格、促销和分销系统“组合”，以满足细分市场内顾客的需要和欲望。

1. 铁路运输市场细分的概念

铁路运输市场细分是指铁路运输企业的营销管理者通过市场调查，根据旅客或货主的不同需求和欲望，按照一个或几个细分变量将某一运输产品的整体市场划分为若干个旅客或货主群的市场分类过程。

在理解铁路运输市场细分的概念时，要注意以下三个方面的问题。

（1）铁路运输市场细分的理论基础是“多元异质”理论。这一理论认为，消费者对产品的需求是多元化的，是具有不同的质的要求的，而运输需求本身的“异质性”是市场细分的客观基础。

（2）进行铁路运输市场细分，是铁路运输市场内在发展所推动的。铁路运输产品最终是要实现与旅客及货主的价值交换，而铁路运输产品只有具备了满足旅客、货主所需的使用价值，人们才可能愿意交换。

（3）运输市场的细分把整体市场加以分割。实际上市场细分是一个聚集而不是分解的过程，所谓聚集过程，就是把对某种运输产品最易做出反应的旅客或货主集合成群。

2. 运输市场细分的作用

运输市场细分是运输企业致力于确认和分析运输市场需求差别，发现市场机会的过程，它对于制定行之有效的营销组合策略具有重要的意义。科学合理地细分运输市场，对于运输企业成功地进行生产和经营具有相当重要的意义。

（1）有利于运输企业发掘和分析新的市场机会，寻求和确定新的富有吸引力的目标市场。市场机会是指在市场上客观存在的但尚未得到满足或未被充分满足的消费需求。通过市场细分，运输企业可以了解和分析各旅客群和货主群运输需求的满足程度和铁路运输市场的竞争状况，根据竞争者的市场占有情况来分析市场的满足程度，发展那些未被满足或未被完全满足的运输需求，以求发现新的市场机会。

（2）有利于铁路运输企业及时调整营销策略，提高其适应能力和应变能力，不断适应市场的需要。铁路运输市场细分后，每个子市场变得小而具体，铁路运输企业在相对较小的市场上开展营销活动，市场调查针对性强，信息反馈较快，企业容易把握市场需求的特点及变化情况，有利于铁路运输企业生产适销对路的产品，及时根据市场的变化调整运输产品的结构、运输价格、分销渠道及促销手段等，有利于运输企业尽快制订相应的营销策略。

（3）有利于运输企业集中使用各种资源，发挥优势，增强竞争力，提高经济效益。铁路运输企业要根据自身的生产经营能力和条件，正确地选择目标市场，就要借助运输市场细分方法。运输市场细分思想的核心是企业不满足于在整体市场上占有一席之地，而是追求在较小的细分市场上占有较大的市场份额。

（4）有利于满足不断变化的、特点各异的运输需求，促进国民经济的协调发展。如果铁路运输企业通过市场细分来选择目标市场，那么旅客和货主的不同运输需求就会及时被发现，铁路运输企业将会开发更具针对性的产品来满足这些需求。

3. 运输市场细分的条件

铁路运输市场细分无论对铁路运输企业还是对旅客和货主而言都是有益的，但铁路运输企业应用市场细分策略时必须考虑到细分市场的实用性和有效性。有效的运输市场细分应具备以下几个条件。

1）可进入性

可进入性是指铁路运输企业的资源条件和市场营销能力必须足以使企业进入所选定的运输子市场，并有所作为。铁路运输企业的设备状况、技术力量、管理水平、比较优势等决定了该企业可以进入的运输市场是有限的，应在可以进入的市场范围内进行细分。

2）可盈利性

可盈利性是指细分后的运输子市场的规模和购买力量必须达到足以使铁路运输企业实现其盈利目标，有效的运输细分市场必须具有足够的运输需求规模和潜力，保证铁路运输企业的盈利，使企业能够不断地发展。

3）可衡量性

可衡量性是指运输市场细分的标准和细分后的市场是可以衡量的，其主要体现在两个方面：一是用以细分运输市场的旅客和货主信息不仅能通过市场调查及时获得，而且还具有可衡量性；二是细分出来的运输市场范围界定明显，而且运输市场的规模及购买能力是可以估量的。

4）反应差异性

反应差异性是指细分后的每个运输市场对铁路运输企业市场营销组合中的任何一项因素的变动都能迅速地做出具有差异性的反应。例如货物运输子市场对安全性、时效性、价格等几个不同方面的敏感度不同，这要求铁路运输企业制订不同的营销策略。

4. 铁路运输市场细分的步骤

1）根据需求选定市场范围

铁路运输企业根据企业的目标、规模和产品的特性，决定企业应该选择哪些市场作为细分市场。铁路运输企业应在营销调研和市场预测等的基础上，结合本企业的实际能力及竞争实力，选择和确定营销目标，进而根据运输市场的需求来选择市场范围。

2）列出旅客或货主（潜在旅客或货主）的运输需求

根据铁路运输市场细分的原则，明确市场上旅客或货主（潜在旅客或货主）的运输需求，是对运输市场进行细分的重要依据。铁路运输企业应根据已经存在、刚刚出现或将要出现的旅客或货主的运输需求进行全面、详细的分类，以便针对旅客或货主运输需求的差异性来确定细分铁路运输市场的因素及其组合，从而为铁路运输市场细分提供可靠的依据。

3）对铁路运输市场进行初步细分，分析潜在旅客或货主需求上的共性和差异性

根据选定标准将旅客或货主初步分为若干个“小群体”，并进一步分析每个小群体消费需求的具体内容和特征。运输企业通过分析、评价不同的旅客或货主的运输需求特点，选出一些旅客或货主作为典型，研究他们需求的具体内容，然后以具体的细分变量作为分析指标进行细分。

4）进行筛选

在对运输市场进行初步细分的基础上，分析、评价旅客或货主的运输需求特征，并根据本企业的具体条件，剔除企业无条件或没必要拓展的细分市场，筛选出最能发挥企业优势的细分市场。

5）初步为各细分市场定位

运输企业根据各细分市场上旅客或货主运输需求的主要特征，对筛选出来的各细分市场命名。对照标准进一步分析运输市场细分的科学合理性，在对市场细分过程进一步完善的基础上，对各个细分市场进行合并或分解，以利于选择目标市场。

6）选定目标市场

对每个细分市场进行状态评估，估计每一细分市场的大小及市场群的潜力，从中选择有利于运输企业发展的细分市场，将经济效益和发展前景好的细分市场确定为目标市场。

企业在进行市场细分时，可对以上步骤进行合并或分解，灵活开展细分工作。

二、运输目标市场的选择

目标市场选择是指分析每个细分市场的吸引力程度，并选择进入一个或多个细分市场。

1. 运输目标市场选择标准

1）有一定的规模和发展潜力

铁路运输企业进入某一市场是期望能够有利可图，如果市场规模狭小或者处于萎缩状态，企业进入后难以获得发展，此时应审慎考虑，不宜轻易进入。当然，企业也不宜以市场吸引力作为唯一取舍标准，特别是应力求避免“多数谬误”，即与竞争企业遵循同一思维逻辑，将规模最大、吸引力最大的市场作为目标市场。共同争夺同一个顾客群的结果易造成过度竞争和社会资源的无端浪费，易使其他消费者本应得到满足的需求遭受冷落和忽视。

2）细分市场结构的吸引力

吸引力是指铁路运输企业在细分市场上的长期获利能力，某细分市场可能具有一定的规模和发展潜力，但从盈利的观点来看，它未必有吸引力。迈克尔·波特认为有五种力量决定整个市场或其中任何一个细分市场的长期的内在吸引力，这五种力量分别是：同行业竞争者、潜在的新参加的竞争者、替代产品、购买者和供应商。

（1）细分市场内激烈竞争的威胁。

如果某个运输细分市场已经有了众多的、强大的或者竞争意识强烈的竞争者，则该细分市场就会失去吸引力。如果出现某个运输细分市场处于稳定或者衰退阶段，生产能力不断大幅度扩大，固定投入成本过高，撤出市场的壁垒过高，竞争者投资很大，该市场就会更糟。这些情况常常会导致价格战、广告争夺战。

（2）新竞争者的威胁。

如果某个运输细分市场可能吸引具备大量资源并参与争夺市场份额的新的竞争者，那么该细分市场就会没有吸引力。

（3）替代产品的威胁。

运输细分市场存在替代产品或者有潜在替代产品，就会失去吸引力，因为替代产品会限制细分市场内价格和利润的增长。铁路运输企业应密切注意替代产品的价格趋向，如果在这些替代产品行业中技术有所发展，或者竞争日趋激烈，这个细分市场的价格和利润就可能会下降。

（4）购买者讨价还价能力加强的威胁。

如果运输细分市场中购买者的讨价还价能力很强或正在加强，该细分市场就会失去吸引力。购买者会想方设法压低价格，对产品质量和服务提出更高的要求，并且使竞争者互相竞争，所有这些都会使供方的利润受到损失。如果购买者比较集中并组织起来，或者该产品在购买者的支出中占较大比重，或者产品无法实行差别化策略，或者顾客的转换成本较低，或者由于购买者的收益较低而对价格敏感，购买者的讨价还价能力就会加强。

（5）供应商讨价还价能力加强的威胁。

如果公司的供应商（原材料和设备供应商）、提价或者降低产品和服务的质量，或减少供应数量，那么该公司所在的细分市场就会失去吸引力。如果供应商集中或有组织，或者替代产品少，或者供应的产品是重要的投入要素，或转换成本高，或者供应商可以实行联合，那么供应商的讨价还价能力就会较强大。

3）符合企业目标和能力

某些运输细分市场虽然有较大吸引力，但不能推动铁路运输企业实现发展目标，甚至分散企业的精力，导致无法完成其主要目标，这样的市场应考虑放弃。同时还应考虑企业自身的资源条件是否适合在某一细分市场经营，只有选择那些企业有条件进入、能充分发挥其资源优势的市场作为目标市场，企业才会立于不败之地。

例如，从长春至北京的旅客，可以在公路、铁路、民航不同运输方式之间进行选择，旅客在选择铁路后，还会在G240、D24、T298、Z62、K40等不同车次之间进行选择。分析铁路客运的竞争者可以看出：在短途客运市场中，公路运输是铁路运输的最大竞争者，在长途客运市场中，航空运输是铁路运输最有力的竞争者。

2. 运输目标市场的选择

运输企业在将整体运输市场划分为若干个细分市场后，既可以从中选择一个运输子市场作为目标市场，也可以将几个运输子市场定为目标市场，这就涉及运输企业如何选择目标市场的问题。确定市场范围是目标市场选择的重要内容之一，目标市场的选择关系到运输企业营销活动的效果。铁路运输企业选择目标市场有以下五种形式。

1）产品与市场集中化

产品与市场集中化是指运输企业的目标市场无论从产品角度还是从市场（旅客或货主）角度看，都集中于一个运输子市场，即铁路运输企业只向市场提供一种运输产品，而且只供应给某旅客群或货主群，例如某铁路运输公司只办理快速货物运输，而且仅为当地的中小型企业服务，这就采用了产品与市场集中化的形式。这种形式经常被小型运输企业采用。这是因为许多小企业资源有限，生产经营和管理经验不足，若想在运输市场上得以生存和发展，多是以某一运输子市场作为继续发展和扩张的起点。由于小型运输企业的目标市场和产品单一，因此可以集中力量在一个运输子市场上获得较高的市场占有率；而且如果目标市场确定得恰当，运输企业也可以获得较高的投资收益率。由于这种形式的运输子市场范围和运输产品都是单一的，因而经营的风险较大，所以采用这种形式的运输企业应密切关注市场上旅客或货主运输需求的变化及其倾向，及时根据目标市场的变化来调整企业的营销策略。

2）产品专门化

产品专门化是指运输企业只提供某种运输产品，以满足不同的旅客群或货主群的需要。这种形式的优点是企业专注于某一种或某一类产品的生产，有利于形成和保持生产和技术的优势，在该领域树立形象。其局限性是当该领域被一种全新的技术与产品所代替时，产品销售量有大幅度下降的危险。

3）市场专门化

市场专门化是指运输企业面对特定旅客群或货主群，根据他们的运输需要，提供不同的运输产品。例如，某铁路运输企业只服务于当地的大型企业，同时该铁路运输企业不仅办理快速货物运输，同时还办理普通速度的货物运输等。这种形式有利于发展和利用运输企业与旅客群或货主群的关系，降低交易成本，并在这一群体中树立良好的企业形象，但是，一旦这一群体的运输需求或购买力下降，运输企业的收益将受到较大的影响。

4）选择专业化

选择专业化是指运输企业有选择地进入几个运输子市场，为不同的旅客群或货主群提供不同的运输产品，满足不同运输子市场的不同运输需求。例如，某铁路运输企业为当地的中小型企业提供快速货物运输服务，同时为当地的大企业提供普通速度的货物运输服务。实际上，这是一种多元化的经营方式，可以较好地分散运输企业的经营风险，但是，铁路运输企业在采用这种策略时应十分慎重，必须以这几个运输子市场都具有相当的吸引力，即都能实现一定的利润为前提。

5）市场全面化

市场全面化是指运输企业决定全方位地进入各个运输子市场，为所有不同的细分市场提供各种不同的运输产品，分别满足各类旅客群或货主群的不同运输需求，力求覆盖整个运输市场。显然，这种形式只能被实力非常雄厚的大型铁路运输企业采用。

3. 运输目标市场的营销策略

铁路运输企业能否在目标市场上取得预期的经营效果和效益，主要取决于是否制定并实施了正确的营销策略。一般来说，运输企业所采用的目标市场营销策略主要有以下三种。

1）无差异市场营销策略

无差异市场营销策略就是将整个市场视作一个整体，不考虑消费者对某种产品需求的差别，它关注顾客需求的相同之处而忽略不同之处。为此，运输企业只设计一种产品，实行一种营销组合计划来迎合大多数购买者。此策略曾被当作“制造业中的标准化生产和大批量生产在营销方面的化身”，其最大的优点在于成本的经济性。这种目标市场覆盖策略也有不足之处，那就是无法满足消费者不同的个性需要，面对市场的频繁变化显得缺乏弹性，容易受到竞争者的冲击。

通常采用这种策略的铁路运输企业一般规模较大，拥有广泛的销售渠道，能进行大量的广告和统一的宣传。在运输产品供不应求、运输企业在市场上占据主导地位、运输市场的竞争程度较低、旅客或货主运输需求的差异性被运输能力不足所掩盖的情况下，铁路运输企业采用无差异营销策略往往是合理而且有效的。

2）差异市场营销策略

差异市场营销策略与无差异市场营销策略截然相反，它充分肯定消费者需求的不同，并针对不同的细分市场分别从事营销活动。为此，铁路运输企业可根据不同的旅客或货主推出多种产品，并配合多种促销手段，力图满足各种旅客或货主不同的偏好和需要。这种策略最大的优点是使铁路运输企业的经营风险得到了分散和减少，缺点是成本大、管理复杂等，对于资金不足、技术力量薄弱的中小企业则应慎重采用此策略。

3）密集性市场营销策略

密集性市场营销策略是指铁路运输企业集中所有力量在某一细分市场上实行专业生产和销售，力图在该细分市场上拥有较大的市场占有率。企业采用密集性市场营销策略是遵循“与其四面出击，不如一点突破”的原则，将资源集中于较小的范围，进行“精耕细作”，这有利于运输企业积聚力量，建立竞争优势，获得较高的投资收益率。但这种策略风险大，一旦细分市场发生变化，如消费者偏好转移或竞争者策略改变，企业将缺乏回旋余地。密集性市场营销策略较适用于规模较小的运输企业，可以“见缝插针”地在一些大企业不参与或竞争不激烈的某个细分市场上集中使用有限的人力、物力和财力，以较少的投入尽快获取较大的收益。

第二节　铁路客运目标市场

伴随着经济社会的快速发展，居民的出行愿望、出行频次都在快速增长，特别是随着高速铁路网的快速延伸，铁路客运凭借良好的服务形象，在不断发展壮大的客运市场中已经抢得先机。铁路运输企业应深入了解客运市场多样化需求，优化经营策略，丰富运输产品，改进服务，提高旅客满意度，以期获得更大的经济效益和社会效益。

一、铁路客运目标市场细分标准

铁路营销部门是铁路运输企业的核心部门，营销的成功与否决定了铁路运输企业是否能在激烈的市场竞争中获得超额的利润。由于旅客需求的差异性是由多种因素决定的，这些因素也就成了客运市场细分的标准。铁路客运目标市场可从运输距离、旅客的职业和出行目的、旅客的收入状况、旅客对舒适度的要求、地理位置五个角度进行细分。

1. 按运输距离进行细分

按运输距离细分，铁路客运市场可分为短途客运市场、中途客运市场、长途客运市场。

长途旅客显然是铁路客运的主要客源（也是铁路与民航竞争的焦点）。目前由于各地市之间的公路连通度较高，而且在地区内毗邻县之间少有火车经停，所以短途的旅客流通基本上是由公路运输承担。对于中途（包括中短途、中长途客运线路）的这部分旅客，则是公路客运与铁路客运争夺的主要份额。近几年由于高速铁路的大发展，铁路在中长途旅客市场的争夺上优势明显。

2. 按旅客的职业和出行目的进行细分

某调查项目通过对铁路旅客的基本情况进行随机抽样调查（共调查5 000名候车旅客，调查对象以中青年为主），得出以下结论：铁路客流以外出务工流、探亲流、学生流及旅游观光流为主，其中外出务工人数占总客运量的一半，探亲流也占两到三成左右，而学生流和旅游的旅客所占比例不相上下，这些客流分别对应不同的客运目标市场。

3. 按旅客的收入状况进行细分

旅客收入水平对交通工具选择的影响很明显。低收入人群选择铁路运输出行较多，其基本不考虑选择民航出行；而选择民航出行人群的收入大都集中在月收入5 000元及以上。铁路客运是一个大众化的交通工具，且各收入层次的旅客所占比例不会出现太大的差异。

4. 按旅客对舒适度的要求进行细分

随着人民生活水平的提高，旅客对运输的要求呈现出多样性及高层次性的特点，旅客希望在旅行过程中享受一定程度的舒适性，选择硬卧、软卧、软座的比例也明显增加。按旅客对舒适度的要求细分，可将铁路客运市场细分为高舒适度、较高舒适度、一般舒适度及较低舒适度等子市场。

5. 按地理位置进行细分

按照地理位置进行市场细分，这是大多数运输企业进行市场细分的主要标准，因为地理位置相对稳定，也易于分析。我国是一个幅员辽阔的国家，不同地区的人口密度、经济发展水平、工业化程度等具有很大差异，因此不同地区旅客的消费水平、消费需求等也有相当的差异。依据地理区域范围，铁路客运市场可以分为东北、东南、中部、西北和西南等子市场。

知识拓展

影响旅客选择铁路出行的因素

1. 票价

票价是影响旅客决策的重要因素，在同等运输效率下，旅客往往倾向于选择票价更便宜的交通方式；同样的，在同等票价下旅客则会倾向于选择运输效率更高的交通工具出行。旅客对于出行成本的计算不仅是简单的票面价格的对比，还涵盖着所有中间的消费，如旅客搭乘其他交通工具到达客运站（场）的成本、旅客在乘坐交通工具期间所消耗的饮食花费等都是选择该种交通工具时必须计算的成本。

通常情况下，列车的票面价格是低于高速公路交通和航空客运的，并且由于机场地理位置往往位于郊区，旅客从出发地到机场的花费相对较高，因此单就价格方面而言，铁路客运对旅客具有较大的吸引力，但是随着相关科学技术的发展，航空成本在逐渐降低，我国一些二、三线城市的机场建设也逐渐完善，某些情况下，机票折扣较大时与高铁、动车票价不相上下，此时，考虑到运输效率和期间消费成本问题，旅客往往会选择民航出行。

2. 旅客心理

旅客对于交通工具的选择或多或少会有一些个人偏见，虽然相关的统计数据表明飞机是目前世界上最安全的交通工具之一，但是由于对空难的恐惧，一些旅客还是会认为航空旅行不够踏实，在这种心理暗示下，这部分旅客会倾向于选择铁路交通来完成长距离客运。旅客心理也表现在对舒适度的要求上。例如铁路交通在长距离运输效率方面并不占据优势，我国东北到西南直飞时间不超过 6 小时，而铁路交通运输则往往要耗费一天甚至更长的时间；而有时即使是在省会之间也没有直达的列车，需要转车，所耗时间更久，在此种情况下，旅客会选择民航出行。

3. 发车时间

发车时间对人们选择交通运输方式的影响主要表现在两个方面：一是发车频率，二是客运起始时间和终止时间。在短途行程中，列车本身的票面价格是低于同等距离高速公路公共交通工具的，但由于发车时间的限制，列车只在特定的点完成特定的运输任务，尤其是对于一些铁路运输路网不发达的中小城市，点对点的运输在一天中只有一趟或是两三趟，不便于旅客当日往返，而高速公路交通工具则不同，其在短距离运输中优势非常明显，临近的县市之间往往有多种类型的短途车辆相互往来，发车时间间隔基本不超过 1 小时，在这些地区的运输中，列车的发车频度深刻影响着旅客对交通工具的选择。此外，在特定线路运行的高速公路交通工具的运行起始时间通常是在清晨五点到晚九点之间，基本上符合大众的作息规律，而且由于公路运输的机动性，通常到达目的地的时间也相对能够令人满意。而列车则属于强规划性的交通运输方式，有时运行线路长，很难确保每一站都在相对合理的时间点到达，午夜或凌晨出发或到达会对人们的出行带来很大的不便，因此发车时间和到达时间也是影响客运交通工具选择的重要因素之一。

4. 舒适度

不同交通工具由于其本身的空间、规模及营运能力等方面的差别，它们所能提供的服务也具有较大的差异性，旅客在运输过程中的舒适感也不尽相同。舒适度对交通工具选择的影响主要体现在自由度、服务内容、服务态度及旅客的其他感官感受等方面。

从自由度方面来看，除水路运输外，其他的客运方式在运输途中旅客都是在封闭的空间内活动的，公路运输由于汽车本身较小的空间和相对不稳定的路况因素，不允许旅客在车内自由地走动，旅客在乘车过程中只能相对稳定地固定在座位上。飞机起飞后旅客可以在机舱内进行适度的走动。相较于前两者而言，铁路客运列车内的自由度是很大的，在没有满载的列车内走动基本不会受到太多的限制。水运是所有交通工具中内部自由度最大的出行方式，旅客不是处于相对独立封闭的空间内，他们可以接触到外界的新鲜空气、全方位欣赏运输工具以外的景色。

从服务内容和服务质量来看，基本上航空旅行的服务内容和服务态度都是相对较好的，当飞行时间较长时，机组往往供应免费的餐食和饮品；水运有时也会对特别舱位的旅客提供类似服务；而在铁路运输中，由于客运成本的限制，这类免费服务尚未实现，过去仅在一些动车、高铁线路上会为旅客提供免费的矿泉水（目前已暂停），或是针对商务旅客提供一些简单的免费餐食。

从其他感官感受来看，在相对较长路线上，由于航空客运对运输质量的要求、公路运输对交通安全的要求等原因，这两类客运过程中一般不允许超员，也就是旅客都会被分配到固定的座位上，这就确保了旅客的空间质量，而铁路运输中，由于运输线路长，允许一定的超员率，平峰时期车厢的满座率较低，旅客有时甚至可以享受数倍甚至数十倍的空间，而在高峰时期超员率较高时，旅客的乘车空间会被压缩到很低的限度，因此高峰时期，当机票价格完全在能力承受范围之内时，有相当一部分旅客会倾向于选择航空客运。

二、铁路客运目标市场的选择

铁路客运运输的特点是具有运量大、安全、舒适、不受气候和地理因素的影响、票价低、速度快等优点，但旅客需要经过购票、候车、进站、上车、下车、出站等多个环节，不够便利和灵活。铁路运输企业应在客运市场细分的基础上，根据市场调查和预测，结合自身的性质和能力条件，选择和确定企业的客运目标市场。

由客流调查可知，当行程超过 500 km 时，有 58%的旅客愿意选择铁路，特别是中等收入群体大多选择乘坐火车旅行，因此铁路运输企业应采用差异性目标市场策略。在确定目标市场时，以中低收入旅客为主，以高收入旅客为辅；以中长途运输为主，以短途运输为辅。当然，目标市场并不是一成不变的，铁路运输企业应根据旅客需求的变化、竞争对手的变化和企业自身情况的变化随时进行调整。

三、铁路客运产品市场定位

铁路客运产品的市场定位，实际上就是要在目标旅客的心目中，为企业和产品创造一定的特色，以适应旅客的需求和偏好。

1. 中长途客运产品的市场定位

中长途旅客对列车运行速度的要求是最主要的考虑因素。此外，不同的客流，对列车舒适度和服务的要求各不相同，可以将中长途客运产品按旅客的需求进行定位。

2. 短途客运产品的市场定位

短途旅客无论其构成如何，对于乘车的便利程度的要求均超过长途旅客。这就要求短途客运产品必须以乘车便利作为首要条件，例如车站可开设专门的进站口，放行管内列车和市郊列车的短途旅客，旅客可先上车后买票，而且免收车上补票费。另外，方便与快捷是短途旅客的突出要求。如果去火车站的时间，候车的时间及购票的环节，复杂又费时，超过乘车时间，他们就可能放弃乘坐火车。

3. 行包运输的市场定位

行李和包裹运输是铁路客运的一个组成部分。由铁路旅客运送的行包在安全性和可靠性方面高于公路运输，但在机动灵活性上又不如公路运输；同时客运行包在送达速度上要快于货运中的零担运输，但在运价上要远远高于货运。因此，在这种情况下行包运输应定位为快捷、方便，运价适中且灵活，服务周到。

1）快捷

行包的运送速度和旅客的运送速度基本一致，体现了时效性，可与航空运输争夺市场，例如现在开行的行包专列就是以特快列车的速度运行的。

2）方便

行包在托运和领取时必须手续简便，否则将会影响旅客的正常出行，也会失去货主。在托运手续项目较多时，可由行包房的行李员专门引导，方便货主。

3）运价适中且灵活

小件物品的运输必须有一个适中的、机动灵活的运价。行包运价可高于铁路货物运输，略高于公路运输，但应低于航空运输，对托运人长期包租行李车及行李车固定空间的，运价还可协商制定。同时包裹运价也应随季节的不同，运输方向的不同而上下浮动。

4）服务周到

在行包运输过程中，服务是必不可少的一个环节，如果车站行包人员的素质不高，服务意识不强，就会降低行包运输产品的竞争力。在做好行包承运和交付工作的同时，车站应开展行包的免费服务和行包的延伸服务项目，如送货上门等，以获取更多的经济效益。

知识拓展

铁路客运市场定位的步骤

1. 明确竞争产品的运输优势

明确竞争产品的运输优势是市场定位的出发点。首先，铁路运输企业要了解运输市场上的竞争企业及产品是如何定位的，有何优势；其次，铁路运输企业要研究旅客对某类运输产品各属性（如速度、价格、安全性、服务质量等）的重视程度，分析旅客运输需求的满足程度；最后，铁路运输企业要根据自身的条件，针对竞争者的市场定位情况，旅客所重视的运输产品属性，把握和确定本企业产品的潜在竞争优势。对有些产品属性，虽然旅客比较重视，但如果是运输企业力所不能及的，也不应成为市场定位的目标。

2. 准确选择运输产品的相对竞争优势

相对竞争优势反映运输产品在满足旅客需求方面能够胜过竞争对手的能力。这种能力既可以是现有的，又可以是潜在的，准确地选择相对竞争优势就是铁路运输企业各方面的实力与竞争者的实力相比较的过程。比较的指标应当是一个完整的体系，只有这样才能够为运输产品准确地选择相对竞争优势，通常的方法是分析、比较铁路运输企业和竞争者在以下几个方面的情况。

（1）技术开发方面主要分析运输企业的技术能力等。

（2）经营管理方面主要分析领导能力、决策水平、运输计划及组织能力等指标。

（3）运输生产方面主要分析运输能力、运输设备调度指挥水平及职工素质等指标。

（4）市场营销方面主要分析铁路运输企业的销售能力、分销渠道及网络、市场调查、销售战略及促销策略等指标。

（5）财务方面主要考察铁路运输企业长期资金和短期资金的来源及资金成本、支付能力、现金流量、财务制度及财务人员的素质等指标。

（6）运输产品方面主要考察运输产品的安全性、质量、特色、运输价格、支付条件、包装、服务水平、时效性、市场占有率、信誉等指标。通过对以上指标的分析和比较，铁路运输企业可以选择最适合本企业及其产品的相对竞争优势。

要使铁路运输企业及产品的相对竞争优势发挥作用，影响旅客的运输选择，就需要为运输产品树立特色，使其具有鲜明的市场形象；而且通过积极地与旅客沟通，以求得旅客的认同。有效市场定位的关键是旅客如何看待运输产品和企业，因此，市场定位的成功直接反映在旅客对运输企业及其产品的态度和看法上。

3. 显示独特的竞争优势

首先，铁路运输企业应通过一系列的宣传与促销活动，使铁路运输企业及其产品独特的竞争优势准确地传播给旅客，并给旅客留下深刻的印象。为此，铁路运输企业应首先采取各种形式，让旅客知道，了解和熟悉本企业及运输产品的市场定位，进一步使旅客认同、喜欢和偏爱本企业及运输产品的市场定位，在他们心目中建立与该定位相一致的形象；其次，铁路运输企业应通过一切努力来强化目标旅客对市场定位的印象；最后，铁路运输企业应注意旅客对运输企业及其产品的影响和认识并不是一成不变的，竞争企业及其运输产品的调整和干扰会使本企业及产品的市场形象产生模糊，旅客对铁路运输企业及其产品的理解可能会出现偏差，态度可能发生转变，铁路运输企业及其产品在显示独特的竞争优势过程中，必须及时矫正与铁路运输企业及其产品市场定位不一致的形象。

第三节 铁路货运目标市场

一、铁路货运目标市场细分标准

货运市场细分是指运输企业根据货主运输需求、行为的差异性，货物性质，运输条件要求的差异，将货物运输整体市场分为若干个货主群体的过程。货运市场之所以可以细分，是因为货主的运输需求及货物的运输条件具有差异性，而这种差异性是由多种因素造成的，这些因素也成为铁路货运市场细分的依据。

1. 按照地理特征进行细分

这种方式是指按照不同的地理范围细分铁路货运市场。处在不同地理范围的货主对于货运服务有不同的需要和偏好，由于受区域经济发展水平和交通运输网络布局等因素的影响，货主对运输企业所采取的市场营销策略和措施也有不同的反应。此外，市场发展潜力和成本费用也因市场地理位置不同而有所不同。具体细分时可以根据地区的经济发展水平、地区生产企业构成情况、货物集散规模程度来细分货运市场。要根据不同的地区制定不同的货运营销计划，提供不同类型的运输产品和服务，如在日用品、轻工产品等货物集散地，提供符合货主需要的行包专列、加挂行李车等运输产品。

2. 按照运输行为特征进行细分

这种方式是指根据货主对货运产品及服务认识、态度、要求和反应对铁路货运市场进行细分。由于货主行为特征的多样化，按行为特征细分货运市场时，又有若干细分子变量，主要包括货主形成货运需求的时机（一般时机、特殊时机）、货主对各种货运产品的忠诚程度（绝对的、不坚定的、转移型的、易变的）、货主追求的利益目标（安全、便利、快速、便宜）、货主对各种货运产品的使用频率（不使用、少量使用、中量使用、大量使用）等。

3. 按照货物品类进行细分

这种方式是指针对不同的货物品类本身的价值水平和运输时间要求等特性对铁路货运市场进行细分。例如有的货物要求运输快捷、安全、托运方便、手续简单，铁路运输企业在制定这类货物的营销策略时，就应为货主提供满足运送时间要求、安全可靠、运输服务质量高的货运产品。

4. 按照货物运输距离进行细分

这种方式是指针对货物运输距离的长短，将铁路货运市场细分为长途、中途和短途货运市场。目前，由于公路的高速发展，货物运输的中、短途运输市场基本上为公路所占有；铁路运输则在长途货运方面具有优势；中距离货运市场铁路具备竞争力。因此，铁路货运应侧重长途运输服务，争取中距离运输货源。

5. 按照货物运输批量进行细分

这种方式是指针对货主托运货物批量的大小来细分市场，一般可以分为大宗货物市场、中小批量货物市场。对大宗货物的运价可以采取多种形式的优惠，对于中小批量的货物，可采用加强运输服务等营销手段吸引这部分货运市场。

6. 按照货物运输种类进行细分

这种方式是指针对货物运输种类，将铁路货运市场分为整车、集装箱和零担货物运输市场。

7. 按照货物的季节性进行细分

这种方式是指针对货物的季节性，将铁路货运市场分为季节性货运市场和非季节性货运市场，例如各种时令蔬菜的运输具有明显的季节性。

二、铁路货运目标市场的选择

铁路货物运输的特点是全天候、安全性好、运价适中、运量大，但同样存在托运和领取手续繁杂、不够机动灵活等缺陷。在确定铁路货运目标市场时，铁路运输企业应做以下分析。

（1）从产品特点看，煤炭、矿砂、矿石、粮食、化肥等行业的大宗散装货物基本依靠铁路，大型机械（如桥梁、变压器）生产企业的产品运输也基本靠铁路。这些企业是铁路货运产品的现实购买者，是组织货源的重点。日用百货、小商品的运输则不一定完全依靠铁路，公路、航空也同样可以承担。

（2）从企业的生产规模看，生产规模的大小直接影响着铁路运量的大小。大型企业，如大型厂矿、军工企业等有大量的原材料运进和成品运出业务，而且这类企业的生产计划性强，和铁路货物运输计划性是相符合的，是铁路已牢牢占领且不能丢失的一部分运输市场；中型的国有企业，其运输量也较大，生产也有一定的计划性，其产品和原料的运输也大多是由铁路运输承担的；小型的新兴企业、集体和民营企业生产的机动性很强，和铁路运输计划相差很大，但这类企业发展速度很快，有的企业运量也不小。这就要求铁路必须对货物运输计划和货运日常工作组织方法进行变通与改革，以满足这些企业的运输要求，争取占有这一新的运输市场。

（3）从运输距离看，石油、煤炭等能源物资的运输距离一般都较长，而且运量也大，能源物资的运输主要依靠铁路。短途的货物运输主要靠机动灵活的公路，因此，铁路在大宗物资的长途运输中发挥了重要作用。

（4）从货物类别看，易腐货物要用冷藏车运输，宽大货物要使用大型特种车运输，贵重货物要使用集装箱运输。铁路应发挥企业规模大的优势，生产多种型号的冷藏车，长大货物车及集装箱车，以满足企业对特殊货物的运输需求，占领这类货物的运输市场。

从铁路自身及其货运情况看，铁路运输车种齐、载重大、容量大、品类多、安全好，同时具有点多线长，计划性强的特点。公路运输则以其价格灵活，到发方便，运输快捷，到达准时等优势占领了一部分货运市场。因此，铁路运输企业的货运目标市场应该是以中长途为主，以短途为辅；以大宗稳定货源为主，以零星货物运输为辅；大力拓展特殊货物运输、集装箱运输和快运货物运输，不断提高市场占有份额。

三、铁路货运产品市场定位

铁路运输企业根据自身特点、货物运输需求和其他运输方式与铁路的竞争环境，充分调查分析各种影响确立货运市场定位的因素，选择铁路自己的竞争优势和适当的目标市场定位战略，在巩固现有货运市场的基础上，对一些货运细分市场采取集中或差异化市场策略，开发新的货运产品，重点发展以下货运市场。

（1）在运输距离上，巩固和扩大500～1 000 km以上的中长途货运市场。中长距离货运是铁路的优势所在，尤其是铁路提速后，列车运行速度大大提高，铁路部门推出一系列运输新产品，吸引了大量的中长途货运货源。

（2）在货物品类上，重点开发和扩展运价率高、市场化程度高和时效性强的高附加值货物运输市场，积极开发冷藏运输新型快运产品，建设鲜活货物运输的“绿色通道”，努力拓展冷藏运输市场。

（3）在地区类别上，首选我国东南部地区作为主要货物运输目标市场，巩固中部地区的铁路运输优势，开拓西北地区潜在的货运市场。我国东南部、中部、西南部、西北部经济发展水平和货运市场差异较大，运输方式和竞争程度不同，其中东南部运输市场较为发达，各种运输方式竞争激烈且各有优势；中部和西南部地区运输市场正处于发展中，铁路占有一定优势；西北部运输市场没有完全形成，运输方式以铁路为主。

（4）在货运产品上，继续完善“五定”班列的组织工作，扩大其在货运市场的影响；加强行包专列、集装箱专列货源的组织，努力开发国际集装箱多式联运市场（中欧班列）。

实训分析

项目实训：选择某一客运、货运目标市场并做市场细分

【实训目标】

（1）了解市场细分的概念；

（2）掌握选择了某一个目标市场之后，如何在市场竞争中进行准确定位；

（3）树立铁路运输目标市场分析意识。

【实训内容与要求】

（1）全班同学自由组合成若干个学习小组，各学习小组通过课堂学习，对相关概念建立较深的认识。

（2）各学习小组通过在图书馆查阅资料、上网收集信息、对铁路运输企业进行调研等方式，对铁路客运、货运目标市场的市场细分知识进行深入学习。

【实训成果与检测】

各小组成员提交简要的书面分析报告，并进行课堂交流与讨论，教师根据每个人的分析报告与讨论表现进行评估、打分。

第四章

铁路运输产品策略

案例导入

长春地区铁路客运产品组合策略

自全国铁路第六次大提速后，长春站开行了动车组列车、直达旅客列车、特快旅客列车、快速旅客列车、普通旅客列车。要实现长春站铁路客运产品组合的最优化，需要分析长春站客运产品的销售额和利润水平；需要分析长春站铁路客运产品与公路、民航、水运等同类客运产品的对比状况及各自所占的市场份额，并根据客运营销战略，采取扩大产品组合、产品延伸、产品现代化等策略。

（1）根据“巩固现有阵地”的要求，调整运输组织和生产布局，提高既有线路的列车速度，优化运力结构，增加长途运输能力，重点抓好“夕发朝至”旅客列车的产品延伸，缩减虚靡列车，以简便、快捷、优质的服务，赢得市场。如根据旅客需求开行混编旅客列车，实行“一列两制”；改变列车编组常年不变的模式，按照客流变化规律，实现动态管理。

（2）根据“争夺失去阵地”的要求，灵活安排运输能力，既搞好批发，又搞好零售；在客货互争的大通道上修建高速客运专线，提高列车速度；在短途客运市场上，努力做到根据客流的变化，调整列车开行方案。

（3）根据“扩大阵地”的要求，努力实现运输产品的现代化水平，开发市郊客运市场、拓宽行包市场。

长春枢纽建成哈大客专和长吉城际铁路，采用双线电气化无缝无砟线路，运行速度200 km/h，运行动车组列车，同时新建长春西站，最终实现以长春站为主要客运站，办理全部普速列车、长吉城际列车及始发、终到的高速列车，长春西站为辅助客运站，办理高速通过列车，满足人们出行快节奏的需求。在长春至沈阳间开行的T532次双层客车越来越受到旅客欢迎，它的最大优势是车体容量大，双层硬座定员186人，软座定员110人，配有空调、电茶炉设备，视野宽广，可使旅客在轻松、愉快的环境中完成旅行，提高了旅行的舒适度。同时，双层客车尤以其新奇、独特的编组，辅以优质的服务占领了市场，显示了强大的市场竞争力，大力发展双层客车，完全符合我国的国情和路情。可以根据节假日和黄金周期间旅客的需求，开行长春至白城、松原、吉林间的双层客运列车，既可以增加运输收入，又缓解了目前旅客运输的紧张状况。

启示：列车是一个流动的大市场，其中蕴藏着无限的商机。铁路运输企业经营的成败在很大程度上取决于产品组合策略的选择和它们的综合运用效果。铁路运输企业在制定经营战略过程中，首先面临的问题就是本企业能为旅客提供怎样的产品和服务，这就是产品策略问题。企业能否成功，在很大程度上取决于所制定的产品策略是否合适。铁路客运企业应该结合铁路客运产品的特点，制定适合的产品策略。

第一节　产品策略概述

受计划经济的影响，长期以来人们对产品的理解仅限于“劳动的产物”。按照现代市场营销理论，产品的概念已经远远超越了传统的有形实物的范围，它是指能提供给市场，用于满足人们某种欲望和需要的任何有形与无形的物品，包括实体商品、场所、组织、思想、主意等。产品的概念是一个整体，它包括核心产品、形式产品、延伸产品三个层次。

一、运输产品的整体概念及特征

1. 运输产品的概念

运输产品也称运输服务产品，按人们通常的理解，其是指运用各种交通运输工具实现的人或货物的位移。运用产品整体概念的原理来分析，运输服务产品也应包括三个层次。

1）运输服务核心产品

运输服务核心产品即实现旅客或货物的位移，这是运输服务产品整体概念中最主要、最基本的部分。如果运输服务产品缺少了核心层，它就不能成为运输服务产品。人们对运输服务产品通常的理解，也就是指运输服务核心产品，它要求提供运输服务产品的企业保证旅客或货物安全地到达目的地，使旅客或托运人感到放心。运输服务核心产品可按多种形式分类：按照运输对象的不同，运输服务产品可分为客运、货运服务产品；按照乘坐舒适性的不同，客运服务产品还可分为高速客运、普通客运服务产品等。同理，货物运输又可分为大宗货物、集装箱、冷藏、散装等运输。

2）运输服务形式产品

运输服务形式产品是运输服务核心产品借以实现的形式，即运输企业向市场提供运输服务产品时，向消费者展示的运输服务产品的形象，其主要包括运输服务质量、品牌、特征等。运输服务形式产品有助于运输服务核心产品的实现，在运输市场供不应求的年代，它的作用体现不出来，但在运输市场供大于求的年代，其作用越来越重要，它要求提供运输服务产品的企业运送及时、安全可靠，使旅客或货主不仅感到放心，而且感到舒心。

3）运输服务延伸产品

运输服务延伸产品是指旅客或托运人消费运输服务核心产品时所获得的全部附加服

务和利益。运输服务延伸产品不仅有助于运输服务核心产品的实现和运输服务形式产品的确立，而且在某些情况下是企业重要的竞争手段，决定着企业的生存和发展。它要求提供运输服务产品的企业提供运输咨询、电话订票、上门服务、接送服务、运输途中娱乐、特殊顾客和长期客户优惠等，使旅客和货主感到经济、方便。

运输服务产品体现的不仅是人或货物的位移，而且包括体现在人或货物位移前后及位移过程中的服务。在理解运输服务产品整体概念时要注意以下两点。

（1）提供运输服务产品的企业必须以旅客或托运人的基本利益为核心，指导整个企业营销活动。因为企业营销管理的根本目的是要充分保证消费者的基本利益。消费者的基本利益包括功能和非功能两部分，对前者的要求是为了实际使用的需要，对后者的要求往往是出于社会和心理动机，这两方面的需要又往往交织在一起，并且随着人们生活水平和文化素养的提高，非功能需求所占比重越来越大。就铁路运输而言，消费者既要达到出行或货物运送的位移目的，又要确保安全、舒适、方便。运输服务产品整体概念明确地要求提供运输服务产品的企业要竭尽全力提供整体的运输服务去满足旅客或货主的一切功能和非功能的需求，做到及时满足旅客或货主所需、全力实现旅客或货主所想、努力化解旅客或货主所愁、开发旅客或货主所盼。不懂得运输服务产品整体概念的企业，不可能真正贯彻市场营销观念，更不会在当今激烈的市场竞争中取得主动权。

（2）运输服务产品的差异是构成运输企业特色的主体。运输企业要在激烈的市场竞争中取胜，就必须致力于创造自身产品的特色。不同企业之间的运输服务产品的差异，在功能表现方面也就是核心产品方面是非常明显的。在运输服务核心产品形成以后，运输企业主要应依靠运输服务形式产品和延伸产品来形成自己的特色，进而与竞争对手的运输服务产品区别开来。随着经济的迅猛发展和市场竞争的加剧，企业提供的附加利益在市场竞争中越来越重要。

运输服务产品示意图如图 4－1 所示。

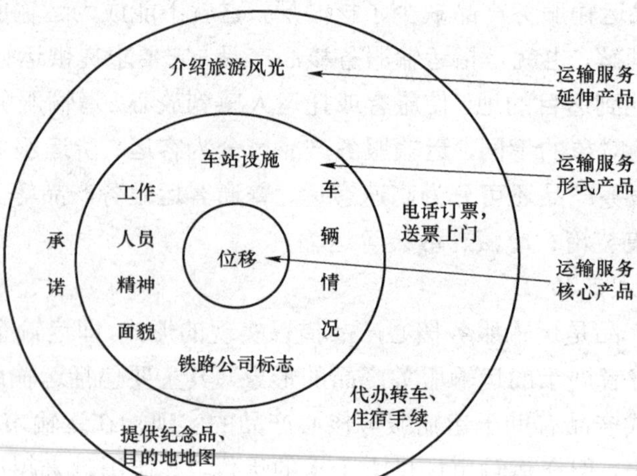

图 4－1　运输服务产品示意图

2. 运输产品的特征

1）无形性

有形产品是具体的，有一定的质量、外观和形态特征，运输产品则是无形的，以服务的形式体现，其使用价值就是改变客、货的空间位置。由于运输产品是无形的，所以它在服务的数量和质量方面不同于有形的产品。在数量上，运输产品产量由复合的计量单位计量，即旅客运输产量用“人公里”，货物运输产量用“吨公里”等计量。运输产品产量的多少不仅要看在一定时间内被运送的服务对象的数量，还要看被运输的距离长短。在质量上，有形产品质量的好坏一般体现在产品中，它的性能、使用寿命、外观用途等都可通过一定的方法测定和评价，而运输产品的质量好坏完全体现在运输服务过程中，从托运、装卸、作业、运输、保管到交付，每个环节都体现着服务的质量。运输产品质量的评价具有较大的间接性，只能通过实际资料的汇总、统计做出总体性结论。评价的内容也比较特殊，一般包括安全性、及时性、经济性、方便性、舒适性等。

2）非储存性

由于运输产品不具有实体形态，因而运输产品具有非储存性这一特点。运输产品不能储存就意味着它不像实体产品那样具有生产、流通和消费之分，其生产、消费在空间和时间上同时进行，生产即消费。当运输需求得不到满足时，无法通过产品流通或调剂来解决。运输产品无法做到像实体产品一样在预期市场供给短缺时进行囤积，相反，其在运输市场短缺时受运输能力的限制，会失掉一部分市场；在运输市场供给过剩时，还将面临运输能力的闲置。所以说，运输产品的非储存性使运输企业在生产、经营方面具有较大的被动性和较大的风险性。

3）效用的一次性

运输产品生产和消费的同时性使其效用对消费者来说，只能满足一次性的需求。在每次运输服务结束时，运输产品对于消费者而言已经消费完毕，而不像大多数实体产品那样可以重复使用。从一般意义上看，一种产品的市场容量大小、市场寿命长短在某种程度上取决于该产品的耐用性大小，越是耐用的消费品，由于其使用上的重复性，也就越容易达到市场饱和；一次性产品由于其用途上的一次性，其市场不容易饱和。

4）核心产品的同一性

从基本功能上看，运输产品具有稳定的市场，但同时也具有比其他产品市场更激烈的竞争。因此无论哪种运输方式、哪个运输企业或按哪一种服务形式提供的运输产品，其基本功能都表现为旅客和货物的空间位移，这种基本功能上的同一性必然引起运输方式之间、运输企业之间的替代性，进而形成运输市场激烈竞争的局面。当然，运输产品的这种同一性只是相对而言的，从运输需求的各个细节方面也可将运输产品区分开来，但是，这种差异的形成相对来说具有较大的难度。

二、铁路运输产品组合

铁路运输产品组合，也称为铁路运输产品搭配，是指一个铁路运输企业提供给市场的全部产品线和产品项目的组合。产品系列的宽度、长度，产品系列的深度、关联性，这四个因素的不同，构成了不同的产品组合。企业产品系列之间是有某种联系的，即各种产品系列之间在最终用途、生产条件、销售渠道或其他方面都存在某种联系，这种各种产品系列之间的关联程度称为关联性。铁路运输企业在进行产品组合时，涉及三个层次的问题需要做出抉择：① 是否增加、修改或剔除产品项目；② 是否扩展、填充和删除产品线；③ 哪些产品线需要增设、加强、简化或淘汰（以此来确定最佳的产品组合）。

铁路运输产品组合的四个因素和促进销售、增加利润都有密切的关系。一般来说，拓宽、增加产品线有利于发挥铁路运输企业的潜力、开拓新的市场；延长或加深产品线可以适合更多的特殊需要；加强产品线之间的一致性，可以增强企业的市场地位，发挥和提高企业在有关专业上的能力。

由于运输市场需求和竞争形势的变化，产品组合中的每个项目，必然会在变化的市场环境下发生分化，一部分产品获得较快的成长；另一部分产品继续取得较高的利润；还有一部分产品则趋于衰落。铁路运输企业如果不重视新产品的开发和衰退产品的剔除，必将出现不健全的、不平衡的产品组合。

铁路运输企业需要经常分析产品组合中各个产品项目或产品线的销售成长率、利润率和市场占有率，判断各产品项目或产品线销售成长上的潜力或发展趋势，以确定企业资金的运用方向，做出开发新产品和剔除衰退产品的决策，以调整其产品组合。

所谓产品组合的动态平衡是指铁路运输企业根据市场环境和资源条件变动的前景，适时增加应开发的新产品和淘汰应退出的衰退产品。及时调整产品组合是保持产品组合动态平衡的条件。产品组合的动态平衡，实际上是产品组合动态优化的问题，只能通过不断开发新产品和淘汰衰退产品来实现。产品组合动态平衡的形成需要综合性地研究企业资源和市场环境可能发生的变化，各产品项目或产品线的成长率、利润率、市场占有率将会发生的变化，以及这些变化对企业总利润率所产生的影响。

三、铁路运输产品生命周期

1. 铁路运输产品生命周期的含义

铁路运输产品生命周期是指产品从投入市场到更新换代和退出运输市场所经历的全过程。它是产品或商品在市场运动中的经济寿命，也即在市场流通过程中，由于消费者的需求变化及影响运输市场的其他因素所造成的商品由盛转衰的周期。

如图 4-2 所示，运输产品生命周期一般可以分成四个阶段，即进入期（或投入期）、成长期、成熟期和衰退期。

1）进入期

进入期指产品从设计投产到投入市场进入测试阶段。新产品投入运输市场，便处于进入期。此时产品品种少，旅客或货主对产品还不了解，除少数追求新奇的顾客外，几乎无人实际购买该产品。铁路运输企业为了扩大销路，不得不投入大量的促销费用，对产品进

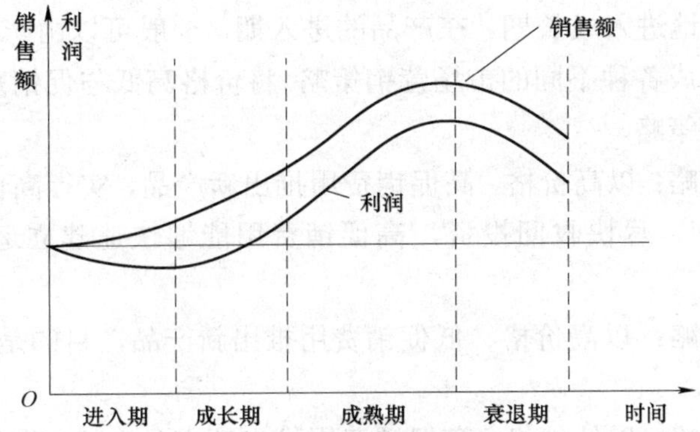

图 4-2 运输产品生命周期

行宣传推广。该阶段由于生产技术方面的限制，产品生产批量小，制造成本高，广告费用大，产品销售价格偏高，销售量极为有限，运输企业通常不能获利，反而可能亏损。

2）成长期

当产品销售取得初步成功之后，便进入了成长期。成长期是指产品通过试销，效果良好，旅客或货主逐渐接受该产品，产品在市场上站住脚并且打开了销路。这是产品需求增长阶段，需求量和销售额迅速上升，生产成本大幅度下降，利润迅速增长。与此同时，运输竞争者看到有利可图，将纷纷进入市场参与竞争，使同类产品供给量增加，价格随之下降，企业利润增长速度逐步减慢，最后达到生命周期利润的最高点。

3）成熟期

成熟期指产品进入大批量生产并稳定地进入市场销售，经过成长期之后，随着购买产品的人数开始稳定，市场需求趋于饱和。此时，产品普及并日趋标准化，成本降低而产量增加，销售增长速度变缓。由于竞争的加剧，导致同类产品生产企业之间不得不加大在产品质量、服务等方面的投入力度，这在一定程度上增加了成本。

4）衰退期

由于旅客或货主消费习惯的改变等原因，产品的销售量和利润持续下降，产品在市场上已经老化，越来越不能适应市场需求，运输市场上已经有其他更能满足旅客或货主需求的产品。此时，成本较高的企业就会由于无利可图而陆续停止服务，该类产品的生命周期也就结束了。

运输产品生命周期是一个很重要的概念，它和企业制定营销策略有着直接的联系。管理者要想使企业产品有一个较长的销售周期，以便赚取足够的利润来补偿在推出该产品时所做出的一切努力和经受的一切风险，就必须认真研究和运用产品的生命周期理论。

2. 铁路运输产品生命周期策略

1）进入期的营销策略

进入期的特征是产品销量少，促销费用高，制造成本高，销售利润很低甚至为负值。根据这一阶段的特点，铁路运输企业应努力做到：投入市场的产品要有针对性；进入市场的时机要合适；设法把销售力量直接投向最有可能的购买者，使运输市场尽快接受该产品，以缩短进入期，更快地进入成长期。在产品的进入期，一般可以由产品、分销、价格、促销四个基本要素组合成各种不同的市场营销策略。将价格高低与促销费用高低结合起来考虑，主要有下面四种策略。

（1）快速撇脂策略：以高价格、高促销费用推出新产品，实行高价策略可在每单位销售额中获取最大利润，尽快收回投资，高促销费用能够快速建立运输市场知名度，占领市场。

（2）缓慢撇脂策略：以高价格、低促销费用推出新产品，目的是以尽可能低的费用，求得更多的利润。

（3）快速渗透策略：以低价格、高促销费用推出新产品，目的在于先发制人，以最快的速度打入市场，取得尽可能大的市场占有率，然后随着销量和产量的扩大，使单位成本降低，取得规模效益。

（4）缓慢渗透策略：以低价格、低促销费用推出新产品，目的在于以低价扩大销售，以低促销费用降低营销成本，增加利润。

2）成长期市场营销策略

新产品经过市场进入期以后，用户对该产品已经熟悉，消费习惯也已形成，销售量迅速增长，这时新产品就进入了成长期。进入成长期以后，老顾客重复购买，并且带来了新的顾客，销售量激增，企业利润迅速增长，在这一阶段利润达到高峰。随着销售量的增大，企业生产规模也逐步扩大，产品成本逐步降低，新的竞争者会投入竞争。针对成长期的特点，铁路运输企业为维持其市场增长率，延长获取最大利润的时间，可以采取下面几种策略：改善产品品质，对产品进行改进，可以提高产品的竞争能力，满足旅客或货主更广泛的需求，吸引更多的消费者；寻找新的细分市场，找到新的尚未满足的细分市场，根据其需要组织生产，迅速进入这一新的市场；改变广告宣传的重点，将广告宣传的重心从介绍产品转到建立产品形象上来，树立产品品牌，维系老顾客，吸引新顾客；适时降价，以激发那些对价格比较敏感的消费者产生购买动机和采取购买行动。

3）成熟期市场营销策略

产品进入成熟期以后，产品的销售量增长缓慢，逐步达到最高峰，然后缓慢下降；产品的销售利润也从成长期的最高点开始下降；市场竞争非常激烈。对成熟期的产品，宜采取主动出击的策略，使成熟期延长，或使产品生命周期出现再循环。为此，可以采取以下策略：调整市场，发现产品的新用途、寻求新的用户或改变推销方式等，以使产品销售量得以扩大；调整产品，吸引有不同需求的顾客；调整市场营销组合，刺激销售量的回升，如采取降价、提高促销水平、扩展分销渠道和提高服务质量等措施。

4）衰退期市场营销策略

产品进入衰退期后，产品销售量急剧下降；企业从这种产品中获得的利润很低甚至为零；大量的竞争者退出市场；消费者的消费习惯已发生改变。面对处于衰退期的产品，企业需要进行认真的研究分析，决定采取什么策略，以及在什么时间退出市场。通常有以下四种策略可供选择：继续策略，按照原来的细分市场，使用相同的分销渠道、定价及促销方式，直到这种产品完全退出市场为止；集中策略，把企业能力和资源集中在最有利的细分市场和分销渠道上，从中获取利润；收缩策略，抛弃无希望的顾客群体，大幅度降低促销强度，尽量减少促销费用，以增加利润；放弃策略，对于衰退比较迅速的产品，应该当机立断，放弃经营。

四、铁路运输产品品牌策略

1. 品牌的含义

品牌是指用来识别产品的某一名词、符号、文字、数字、标记及其组合，其基本功能是把不同企业生产的产品区别开来，使竞争者之间的产品不发生混淆。品牌是广告的基础，是区别不同产品的标志，它表明了产品的特性。品牌在运输市场营销中发挥着重要的作用。

（1）有利于企业进行推广宣传，在消费者心中树立良好形象。

（2）有利于旅客建立品牌偏好，吸引更多忠实消费者。

（3）有利于从法律上保护企业的利益。品牌属于无形资产，注册商标使企业的利益得到法律的保护。

2. 品牌策略和服务策略

1）品牌策略

市场竞争的关键是品牌的竞争，名牌产品以其较高的技术含量、优良的质量与优质的服务取信于顾客，是企业开拓市场，提高市场占有率的有力武器。在当今我国企业实施名牌战略的热潮中，铁路运输企业一定要生产名牌产品，开行名牌列车，获得名牌效应，以吸引客流与货源，增强铁路运输企业的市场竞争能力。

目前铁路运输企业的经营意识越来越强，逐步认识到要有自己的品牌产品，如铁路运输企业把五定班列，高速、“双优”列车作为运输的拳头产品，这实质是关于建立产品品牌的问题。作为一个企业，一定要有自己的拳头产品，要有自己的品牌，才能在任何市场上立于不败之地。过去铁路运输企业一直使用业务性评比名称来作为列车名字，如红旗列车等，今后应充分采用品牌化策略，将这些优秀品牌经营好。

2）服务策略

在价格相同或近似的情况下，谁能够为顾客提供满意的服务，谁就能在竞争中取胜。铁路运输产品的生产与消费是同时进行的，消费者购买无形产品的过程就是感知运输服务的过程，那么消费者满意程度的高低就取决于铁路服务人员服务程度的好坏。服务质量的提高必然能吸引客流、货流，从而提高市场竞争力。

铁路客运服务人员的素质、责任心及服务质量与民航等客运部门相比差距较大，往往是车下买票难、车上不舒适、餐饮质量差。在各客运大站虽设问事处，但服务内容仅限于指路问事，常常是问十答一，在个别地方有时还是“聋子的耳朵”。又如，在盛夏乘坐空调列车，常常有这样的现象发生，刚一上车，觉得特别凉爽，时间一长，又觉得凉得受不了，此时想让列车员将冷风关了，列车员往往以空调由检乘人员操纵或全列车集中供冷无法调整等原因而应付了事。

铁路部门要加强站车服务管理，优化内部营销环境。在车站重点抓好优质服务、便捷售票、进出站、上下车等几个环节。在列车上，主要抓好车内卫生、饮水和礼貌服务等。对缺水区段及用水量大的季节，应加大地面供水能力，停点较长或牵引换挂站集中给旅客送水或提供饮料等：在列车运行途中，还应满足旅客精神方面的需求；在各大中型客运站，应增设服务项目，特别是应加强服务咨询窗口的功能，由专业人员及时准确地回答旅客提出的问题。

五、铁路运输新产品开发

1. 铁路运输新产品开发的必要性

1）有利于促进运输企业的成长，增加企业销售额和利润

促进企业的成长是新产品开发的最根本目的所在。由于新技术、新材料和新工艺不断出现，把新产品开发推向了一个崭新时代，新产品在企业成长方面起了重要作用。从投资的角度看，成长即意味着成功，多数运输企业都力图向市场投入更多的新产品，扩大本企业的市场份额。新产品市场占有率的提高使企业获得更高的利润率和资金周转率。凡是经营得好的企业，大多数都有能力向市场推出更多、更好的新产品。

2）维护企业的竞争地位，提高企业对市场的占有率

开发新产品可以维护企业的竞争地位。由于最先向市场投放某种新产品的企业总是少数一两家，其他企业往往要对此做出反应，例如扩大同类产品系列或品种，模仿或改进竞争者已经上市的产品，推出本企业的类似新产品等。反过来，最先上市新产品的企业又会对自己的新产品实行改进。总之，竞争双方都力图通过新产品开发，去取得对某一特定市场的主导或支配地位。如果一个企业只维持现有产品，不去开发新产品，其结果必然是原有市场逐步被其他企业的新产品蚕食，一点一点地失去已占有的市场，最终甚至完全失去市场。

3）促进相关系列产品的销售，改善市场地位

当一种新产品成功地进入市场后，随着该产品销售量的增加，本企业其他相关产品的销量也随之增加，这也是开发新产品的一个重要原因。因此，开发好新产品，可以改善现有产品的市场地位。

4）适应市场变化环境，满足市场需求

当旅客或货主需求发生变化或者环境条件改变时，预示着运输企业的现有产品已出现衰退可能性，企业必须寻找可代替的新产品，这往往是开发新产品最直接的原因。

5）加速“三新”的应用，是运输市场营销策略变换的新趋势

新技术、新材料和新工艺，这“三新”的应用是新产品开发的重要基础。应用新材料、新技术或新工艺而开发的新产品，不但成本低、有较高的使用价值，而且往往可以“创造”

出旅客或货主对该类产品的新需求。因此，这类新产品不但有较强的竞争能力，而且有更旺盛的生命力。

6）开发利用企业的剩余生产能力，降低总成本

开发适当的新产品可以使企业现有过剩的生产能力得到充分利用，实现更为均衡的生产，在固定成本不变的情况下，开发的新产品能使产品的总成本降低，提高企业资源利用率。

综上所述，新产品开发是向企业不断注入新鲜血液的过程，是企业生存和发展过程中生命线的重要组成部分。企业只有不间断地开发新产品，才能求得生存与发展。

2. 铁路运输新产品开发过程

新产品开发是一项极其复杂的工作，从根据用户需要提出设想到正式生产产品投放市场为止，其中经历多个阶段，涉及面广、科学性强、持续时间长，因此必须按照一定的程序开展工作，这些程序之间互相促进、互相制约，才能使产品开发工作协调、顺利地进行。产品开发的程序是指从提出产品构思到正式投入生产的整个过程。

1）调查研究

开发新产品的目的，是为了满足旅客和货主的需要，这个阶段主要是提出新产品构思。

2）新产品开发的构思创意

新产品开发是一种创新活动，产品创意是开发新产品的关键。在这一阶段，要根据市场调查掌握的消费者需求情况及企业本身条件，充分考虑消费者的使用要求和竞争对手的动向，有针对性地提出开发新产品的设想和构思。

产品创意对新产品能否开发成功有至关重要的意义和作用。企业新产品开发构思创意主要来自三个方面。① 来自用户。企业着手开发新产品，首先要通过各种渠道掌握旅客或货主的需求，了解他们在使用老产品过程中有哪些改进意见和新的需求，并在此基础上形成新产品开发创意。② 来自该企业职工。他们经常接触旅客或货主，对老产品的改进意见与需求变化比较清楚。③ 来自专业科研人员。科研人员具有比较丰富的专业理论和技术知识，要鼓励他们发挥这方面的专长，为企业提供新产品开发的创意。此外，企业还可以通过政府机关、行业协会等渠道，收集新产品开发创意。

3）形成产品概念

产品创意、产品概念和产品形象之间是有区别的。产品创意是指企业从自己的角度考虑能够向市场提供的产品的构想；产品概念是指企业从消费者的角度对这种创意所做的详尽的描述；产品形象是指消费者对某种现实产品或潜在产品的认知所形成的特定形象。

运输企业在确定最佳产品概念，进行产品和品牌的市场定位后，就应当对产品概念进行试验，用文字、图画描述或者用实物将产品概念展示于目标顾客面前，观察他们的反应。

4）制定营销策略

形成产品概念之后，需要制定营销策略，运输企业的有关人员要拟定一个新产品投放市场的初步的营销策略报告书。报告书由三个部分组成：描述目标市场的规模、结构、行

为，新产品在目标市场上的定位，未来几年的销售额、市场占有率、利润目标等；简述新产品的计划价格、分销策略，以及第一年的营销预算；阐述预计的长期销售额和目标利润，以及不同时间的营销组合等。

5）营业分析

新产品开发过程的第五个阶段是进行营业分析。这一阶段，运输企业营销管理者要复核新产品未来的销售额、成本和利润的估计，看看它们是否符合企业的目标。如果符合，就可以进行新产品开发。

6）产品开发

如果产品概念通过了营业分析，研究与开发部门就可以把这种产品概念转变成产品，进入试制阶段。在这一阶段应当搞清楚的问题是，产品概念能否变为技术上和商业上可行的产品。如果不能，所耗费的资金将全部付诸东流。

7）市场试销

如果企业对某种新产品开发试验结果感到满意，就着手用品牌名称、包装和初步营销方案把这种新产品推向市场进行实验。这是新产品开发的第七个阶段，其目的在于了解消费者对于使用和再购买这种新产品的实际情况及市场大小，然后再酌情采取适当对策。市场试验的规模决定于两个方面：一是投资费用和风险大小；二是市场试验费用和时间。研发费用和市场风险越高的新产品，试验的规模应越大；反之，研发费用和市场风险较低的新产品，试验规模就可小一些。从市场试验费用和时间来讲，所需市场试验费用越多，时间越长的新产品，市场试验规模应越小，反之，则越大。不过，总的来说，市场试验费用不宜在新产品开发投资总额中占太大比例。

8）批量上市

在这一阶段，运输企业需要做出以下决策。

（1）何时推出新产品。这是指企业在什么时间将新产品投放市场最适宜。例如，如果某种新产品的市场需求有高度的季节性，就应在销售季节来临时将这种新产品投放市场。

（2）何地推出新产品。这是指企业在什么地方（某一地区、某些地区、全国市场或国际市场）推出新产品最适宜。能够把新产品在全国市场上投放的运输企业是不多见的。一般是先在主要地区的市场推出，以便占领市场，取得立足点，然后再扩大到其他地区。因此，运输企业特别是中小运输企业须制定一个市场投放计划。

（3）向谁推出新产品。这是指运输企业要把它的分销和促销目标推向最有效的顾客群。这样做的目的是以最快的速度、最少的费用，扩大新产品的市场占有率。企业可以根据市场试验的结果发现最有效的顾客群。对新上市的消费品来讲，最有效的顾客群一般应具备以下特征：他们是早期采用者、大量使用者、观念倡导者或意见领袖，并能为该产品作正面宣传。当然，完全具备这几个特征的顾客为数很少，企业可以根据这些标准对不同的顾客群打分，从而找出最有效的顾客群。

（4）如何推出新产品。企业管理部门要制定开始投放市场的营销策略。对各项营销活动分配预算，规定各项活动的先后顺序，有计划地开展营销工作。

知识拓展

长春地区铁路客运产品新产品策略

运输新产品是指比过去的或现有的运输产品在特定用途、服务形式、服务手段等方面有所区别的运输产品。旅客对客运产品的需求是不断变化的，铁路客运企业只有不断创新，不断开发新的客运产品，才能满足市场的需求。铁路客运新产品可划分为以下几类。

（1）完全意义上的新产品。完全意义上的新产品是利用新的科学技术而创制的一种全新产品，是市场上从未有过的。如当年广州—深圳开行的准高速列车所提供的客运产品可视为完全创新产品。

（2）革新产品。革新产品是对原有产品进行技术革新和部分改造后的产品。如铁路实施新运行图，对原有旅客列车的广泛提速，满足了人们出行快节奏的需求。如在长春至沈阳间开行的T532次双层客车从开行起，就受到旅客欢迎，它的最大优势是提高了旅行的舒适度。双层客车以其新奇、独特的编组，辅以优质的服务占领了市场，显示了强大的市场竞争力；还可以根据节假日和黄金周期间旅客的需求，开行长春至白城、松原、吉林间的双层客运列车，既可以增加运输收入，又缓解了旅客运输的紧张状况。

（3）改进产品。改进产品是对原有产品增加一定的服务项目和服务内容。如铁路开行的“旅游专列”“学生专列”“球迷专列”等，满足了人们休闲游玩的需求和欲望。另外，“假日经济”不容忽视，“十一”黄金周让铁路客运喜获丰收。随着人民生活质量的提高，旅游还会升温，铁路应瞄准这一市场，在平时周末假日期间增开运程合适（游客可以在车上度过两个晚上，列车兼作旅馆，两双休日可在目的地游览），价格和到发时间合理，列车环境良好的改进型运输产品。

第二节　铁路客运产品策略

在竞争日益激烈的市场环境下，运输企业销售的不是单纯的功能，而是产品整体概念下的一个系统，扩大产品的附加值已经成为运输企业市场竞争的重要手段。从整体产品的概念出发，铁路客运产品的核心部分是旅客的位移，其形式部分是运送旅客的各种旅客列车，其附加（延伸）部分是旅客在位移全过程中得到的附加（延伸）服务或利益。

一、铁路客运产品的分类

铁路旅客运输应提供多种多样的产品供旅客选择，这就需要在产品设计时就根据旅客的需求进行分类。不同类别的客运产品主要是以列车种类的不同体现出来的，不同种类的列车对应不同的售票方式、票价和客运服务方式。

（1）按列车运行速度，铁路客运产品分为高速动车组列车、动车组列车、直达特快旅客列车、特快（快速）旅客列车、普通旅客快车和行包专列等。

① 高速动车组列车、动车组列车主要是城市间开行的，时速在 200 km 以上的高速列车。

② 直达特快旅客列车又称点对点一站直达列车，从发站发车后，一般中途不停站，即使因技术原因要停靠站点也不办理客运业务，直达终点站。这种列车速度在 160 km/h 以上。

③ 特快（快速）旅客列车主要用于运送长途旅客，跨局开行或在局管内开行，列车速度达 160 km/h，一般挂有软卧车、硬卧车、软座车、硬座车、餐车和行李车，中途只停靠大站和铁路枢纽站，服务于省会城市或大城市间的客流。

④ 普通旅客快车也是一种跨局或在局管内开行的长途旅客列车，速度在 120 km/h，列车编组与特快（快速）列车相同，停车站较多，主要服务于大城市及中、小城市间的客流。

⑤ 凡有稳定、大宗行包货源的车站，运量达每日开行一列，每列不少于 300 t 时，均可申请开行行包专列，行包专列以 120 km/h 的速度运行，整列装载行李包裹等小件物品，固定发到站、发到时刻、车辆编组和运行路径，按照旅客列车组织管理，可由物流企业承包经营。行包专列的开行发挥了铁路在小件零散货运市场中长距离、全天候、安全正点等方面的优势。

（2）按列车的设备档次及服务层次，铁路客运产品分为普通列车、优质优价列车。

① 普通列车。编组车辆大多数采用 22 型的车辆，也称为“绿皮车”，只满足最基本的乘车条件，服务于中低收入的旅客，票价采用基本票价，目前“绿皮车”已基本退出市场。

② 优质优价列车即我们常说的“双优”列车。这种列车编组采用新型空调车辆，发到时间较好，运行速度较快，票价加成 30%～50%，主要面向中等以上收入的旅客。在开行这种列车时，一定要杜绝优价不优质的情况，要加强服务，改善列车旅行条件，保证列车的正点。另外，铁路运输企业应进行深入细致的调查，研究客流的变化规律，分析上座率，对优价部分按季节的不同实行浮动，以吸引乘客。

二、铁路客运产品的特点

旅客运输是铁路运输的一个组成部分，旅客运输的产品就是指旅客的位移。随着社会经济的发展，人口的流动性迅速增加，铁路客运将会带来越来越大的收益。客运产品应包括一切能满足旅客欲望、需求和利益的有形实体与无形部分，铁路客运产品具有以下几个特点。

（1）铁路客运的主要对象是旅客，其次是行李、包裹和邮件，主要以提供劳务的形式为旅客服务。铁路客运部门通过售票工作，把旅客组织起来纳入运输过程，并满足他们在旅行中的需求。

（2）铁路客运生产向社会提供的是无形产品——旅客的位移。铁路客运产品的生产过程也是产品的消费过程。旅客的位移不是任意的位移，而是有具体条件的，具有质量特性的，这就是不同层次的旅行需求，如日期、车次、发到站等。这些需求条件可看成铁路客运产品的不同型号和规格，客票则是旅客购买铁路客运产品的票据和合同。

（3）旅客运输在时间上有较大的波动性，旅客运输季、月、周、日和一日内各小时之间常常会出现急剧的变化。同时，铁路客运产品不可储备，为此，要求铁路客运部门有一定的技术和设备作为后备力量，在不同的客运量条件下都能满足旅客需求。

（4）旅客运输不同于货物运输。旅客在旅行中有不同的物质文化生活需求，如饮食、盥洗、休息、通风、照明、温度等，因此要求铁路客运部门不仅应满足这些需求，而且应积极改善、创造良好的旅行环境并提供优质服务，使旅客心情愉悦。

三、铁路客运产品的品牌策略

随着科技和经济的快速发展，旅客在客运需求上的差异性越来越大，为了满足不同层次旅客的需求，铁路运输企业应大力发展品牌客运产品，使其获得应有的市场份额和社会信誉，带动铁路客运系列产品的发展。由于旅客旅行主要是在列车内度过的，因此，铁路客运品牌应以列车为中心，实施品牌战略。

1.“动车组”旅客列车

动车组是城际和市郊铁路实现小编组、大密度的高效运输工具，其以编组灵活、方便、快捷、安全、可靠、舒适为特点备受世界各国铁路运输和城市轨道交通运输的青睐。我国动车组列车配备了一流的服务设施和引导系统，借鉴国际先进的服务理念，实行“自助式”无干扰服务，为旅客提供温馨、宽松、舒适的旅行环境。统计数据表明，2017 年“十一”黄金周期间，动车组列车平均上座率达到 98%。对于许多旅客来说，动车组速度快，可以节省路途时间，挤出更多的时间用于景点游玩上。

2.“夕发朝至”旅客列车

“夕发朝至”旅客列车充分发挥了铁路在中距离（1 000～1 500 km）上的运输优势，在 1 500 km 以内距离，列车旅行时间在 12 h 左右，16 点至 23 点之间发车，次日 6 点至 11 点可到达终到站。旅客在车上睡一觉就到达目的地，下车后即可办事，所以人们又称它为“旅馆式列车”。“夕发朝至”列车的产生，使铁路运输在安全、快捷、舒适、方便、经济等方面取得了历史性进步，进而成为铁路的名牌产品。

3.“朝发夕归”旅客列车

受列车运行图能力的限制，“夕发朝至”列车的数量受到限制。因此可在间距 800 km 左右的城市间开行“朝发夕归”列车，旅客在白天乘车时可以饱览沿线风光，列车广播进行解说，售货车同时出售当地的特产，使旅客有身临其境的感受。“朝发夕归”列车便于城市间的旅客往返，有利于吸引周末到大城市购物、旅游、探亲的旅客。

4.“城际列车”

在运输需求旺盛的短途旅客运输市场，为更好地与公路运输展开竞争，开行高密度的、公交化的城市间快速旅客列车，极大地方便了旅客出行，受到旅客的普遍欢迎。北京—天津、上海—南京、上海—杭州、广州—深圳、成都—重庆、长春—吉林等城市间开行城际列车的效益非常明显。

上述列车要产生品牌效应，还应该注意列车的形象设计、独特的服务形式和合理的票价、合理的客票销售形式等，形成鲜明的特色，增强对旅客的吸引力，加深旅客的印象。铁路客运名牌产品，是拉动整个铁路客运系列产品走向市场的“火车头”，创建一批铁路客运名牌产品不仅有利于旅客识别所需要的运输产品，而且还能代表铁路运输的服务质量，展示铁路运输的整体企业形象。

四、铁路客运产品的包装策略

铁路客运企业应根据市场需要选择产品的包装策略，具体分为等级包装和改变包装两种。

1. 等级包装

等级包装主要是对不同档次、不同等级的站车及其服务人员采用不同的包装，使得包装的风格与站车运输服务的质量和价格相称。如对动车组列车、空调快速列车和普通旅客列车（绿皮车）采取不同的营销方案，制定差异性的定价和差异性的服务策略。

2. 改变包装

改变包装主要指以新的包装取代陈旧落后的包装，以改变原有站车运输服务的形象。采用这一策略必须使站车服务质量与改变后的包装相适应，如重新设计站车客运人员或列车员的服装，为站车重新冠名等，列车冠名是树立铁路客运产品品牌的重要途径，同时也要注意冠名站车的品牌产权界定问题，增强品牌的法律保护意识。

第三节　铁路货运产品策略

一、铁路货运产品的分类

通过铁路运输的货物有成百上千种，货主的运量情况、对运能的要求各不相同，特别是货物需要以适当的车辆来装运，这一切就要求铁路运输以不同的形式来承运货物。铁路运输根据承运货物方式的不同及货物运送速度的不同会产生不同的货运服务种类。

1. 按货物的承运方式分，铁路运输可分为随到随运、按计划承运和预约运输

（1）随到随运。中小企业托运人托运货物是随机的，到站和所需车辆都是在托运时才提出，对于这些企业的货物，车站应和调度部门协商，及时解决配空车辆，做到随时承运。整车、零担和集装箱均可采用这种形式。

（2）按计划承运。大型企业的生产有极强的计划性，运输量大，对这些企业要求其提前报运输计划。同时，对大宗稳定货源的运输也应事先提出运输计划，以方便运输能力均衡安排。

（3）预约运输。对宽大货物、鲜活货物的运输，因为需要特定的车辆，需要托运人和铁路部门预约，所以铁路部门应及时拨配车辆，批复运输要求。

2. 按货物运输的速度，铁路运输分为一般速度货物运输和快速货物运输

（1）一般速度货物运输。货物的运送速度为每天 250 km 左右。途中若有其他特殊作业，如中转、加冰等，运到期限可做适当延长，这种运输适合于大多数货物的运输。

（2）快运货物运输。货物的送达速度为每天 500 km 左右，对于抢险救灾物资、鲜活货物的运输可采用这种方式。

知识拓展

运输产品与一般产品的区别

运输产品与一般产品的最大区别在于其核心部分的“位移”是一种劳务，也可以说是铁路运输企业为运送旅客和货物，改变其空间位置所提供的服务。因此，可以这样说：运输产品的本质是服务。铁路运输企业要提高市场竞争能力，必须依靠优质服务，通过服务推销产品，从服务质量中体现产品质量。铁路运输企业要大力开展诚心待客、热情服务、服务承诺等活动，深化企业形象塑造，提高货主的满意程度。

二、铁路货运产品的特点

（1）铁路货物运输产品也是一种无形产品——货物的位移，产品的单位是“吨公里”（t·km）。货运产品的生产过程同时也是消费过程，它和客运产品一样，不能调拨和储存。因此，铁路运输企业一定要有一定的后备设备和能力，以备在运量上升时使用。

（2）由于各地区生产发展的不均衡，铁路货物运输是按线路的上下行分空车方向与重车方向的。同时，受线路通过能力和车站作业能力的影响，在重车方向上存在某种限制运输能力的“卡脖子”区段，称为限制口。

（3）铁路货物运输实行的是合同运输，必须要使用运输合同约定的适当的车辆。例如，日用百货用篷车，粮食用敞车，长大笨重货物用平车，液体、气体货物用罐车，如果车辆不符合要求，货物运输是无法实现的。

（4）货运产品的销售价格即货物运输费用与运输方式、货物本身品名和性质、使用集装箱的类型及发到站间的运输里程有关，这样就产生了产品的差异化。

（5）货物运输的时效性很强，季节不同要求铁路运输的货物种类有很大的不同。例如，播种的季节有大量支农物资运输，而收获的季节有许多农产品的运输。

三、铁路货运产品的质量特征

在比较不同运输企业提供的货运产品的好与坏时，货主会关注一些质量特性指标。在货运产品的质量特性中，服务是贯穿始终的，此外还有安全、迅速、准确、便利等。

1. 安全

货物能否安全地从始发站到目的站，完整地交给收货人，是衡量货运产品质量的一个重要指标。如果忽视货物的安全运输，就有可能造成火灾、被盗、丢失、损坏、变质、污染或其他的一些货运事故，给货主造成损失，也会给铁路运输企业形象带来严重影响。因此，铁路运输企业必须加强职工的业务培训，使职工熟悉货运规章，严格按章办事，按操作规程操作。对危险货物、宽大货物、鲜活货物、液体货物、易碎货物和易盗货物要采取特殊措施，防止发生事故。

2. 迅速

在现代社会中，“时间就是效益”已深入人心。如果货物运输的速度较慢，不能满足货主的要求，就有可能使铁路运输失去一部分市场。货主因为运输时间过长而影响了货物最佳销售时机，以致再也不选择铁路运输的事例屡见不鲜。这要求铁路运输企业在运输货物时一定要做到快装、快运、快卸，对零担货物还要尽量直达，减少中转次数，压缩中转时间。

3. 准确

准确是指准时和准地，准时即要按时送达，因为货物运输合同中规定了货物的运到期限，逾期运到会给货主带来损失，铁路运输企业也要支付违约金。同时，货物运输还必须准地，严防误卸和误运送，造成货运事故。要做到准确，就要求各站的货运职工必须有极强的责任心，职工的收入应与工作失误挂钩，提高货物运输的准确性。

4. 便利

铁路货物运输最大的不足之处就在于不够便利。不熟悉铁路的货主在办理托运手续时往往需要一天甚至更长的时间，这样显然无法与公路抗衡。在目前形势下，货运部门的主要任务应是对托运、承运及交付手续进行改革，实现“一票制”“一口价”，简化铁路运输的办理手续。

四、铁路货运产品的品牌策略

我国铁路货运应在提速的基础上，根据不同货主的需求，开发多元化的产品系列。所谓系列化就是根据货主的层次特点，以某个指标为基础，形成由低至高的产品系列。由于需求的复杂性，仅有系列化还不够，还需要多样化。多样化是建立在系列化基础上的，它以多个指标为基准。最后，产品的供给还必须根据市场需求的变化，及时调整。铁路货运产品的品牌策略主要体现在以下几个方面。

1. 创建品牌产品的货运企业生产机制

对于品牌列车的开行，各车站和调度人员要有效组织，减少技术作业时间和列车在途时间，有效组织直达运输、成组运输，提高铁路运输的效率和效益。

2. 建立有效的品牌激励约束机制

实施货运品牌战略，提高铁路运输企业工作效率，建立适当的激励约束机制，充分调动职工的积极性。铁路企业在用人方面实行双向选择的自主用人制度；在改革干部人事管理方面，全面落实竞争上岗、考核选拔、民主监督、干部解聘和诫勉制度，实行优胜劣汰，干部能上能下的机制；在收入分配方面，实行收入能增能减的机制，以经济效益为中心，合理拉开差距，突出岗位要素在工资分配中的主导作用，实行岗位效益工资制，把营销效益与职工工资挂钩，把营销效益和企业利益、各级领导的切身利益挂钩，不失为铁路运输企业建立有效的品牌激励约束机制的好办法。

3. 建立灵活的货运品牌运输价格策略

长期以来，我国铁路货物运价受国家控制，实行统一运价，运价调节范围小，运价结构不合理，加重了货主总体费用负担，导致许多货源流失，因此建立适合市场经济要求的灵活的价格体系是非常必要的。为了改变这种现状，需要国家逐步下放铁路运价定价权，使铁路建立灵活的价格机制，充分利用运价下浮政策，使价格管理更灵活，更适应市场变化。

4. 进一步加大力度宣传货运品牌

在企业品牌管理中，铁路运输企业要以“为货主创造价值，让货主满意”为理念，为货主提供最大方便，来树立自身良好形象，吸引货主，获得发展；在品牌管理中，贯彻以人为本，让职工充分参与企业经营决策，鼓励创新，使职工以一流的工作态度赢得货主的满意，树立货运品牌的优良形象；充分利用广播、报纸、电视、户外广告来推广自己的货运品牌，宣传铁路运输优势和服务承诺，打造品牌优势，借助宣传和货主的“口碑”传播，维系老客户，争取新客户，争取更多的货运份额。

5. 掌握市场信息形成品牌的持续优势

在激烈的市场竞争中，铁路运输企业要推出品牌产品，尤其是创立品牌，首要条件是“耳聪目明”，充分收集市场总体环境信息（如各地区生产总值、各产业状况、进出口贸易情况等）、企业经营环境信息（如货主的运输需求信息和其他运输方式的信息）和铁路运输企业的内部消息。在充分把握各方面信息和货主需求基础上，根据自身资源条件来确定品牌运输产品，这样创造出来的品牌产品才具有坚实的市场基础和长久的生命力。

实训分析

项目实训：模拟铁路运输产品方案

【实训目标】

（1）学会分析和判断运输产品处于生命周期的哪个阶段，并选择恰当的营销策略；

（2）学会制订运输产品策略；

（3）树立运输市场营销环境分析意识。

【实训内容与要求】

（1）全班同学自由组合成为若干个学习小组，各学习小组通过课堂学习，对相关概念建立较深的认知。

（2）各学习小组对某铁路企业的产品策略现状提出改进意见，形成书面方案。

（3）方案内容包括该企业运输整体产品概念的分析、运输产品处于生命周期的哪个阶段、运输产品有何进一步开发的机会，等等。

【实训成果与检测】

各小组成员提交简要的书面分析报告，并进行课堂交流与讨论，教师根据每个人的分析报告与讨论表现进行评估、打分。

第五章 铁路运输价格策略

案例导入

“铁老大”管内部分动车票价下浮

自2018年4月28日起至年底，铁路部门将进一步扩大铁路局集团公司管内部分动车票价下浮折扣，理顺各席别之间的比价，进一步完善服务措施，提升旅客旅行获得感。

铁路部门将对广州至珠海、海南环岛、南京至安庆、丹东至大连、青岛至荣成、郑州至开封、武汉至孝感等28条城际铁路部分动车组列车票价，实行不同形式、不同幅度的折扣优惠，最大折扣幅度由前期试点的10%提高到20%。这是自2017年年底对铁路局集团公司管内14条动车组列车运营线路票价开展浮动试点后，铁路部门实施的又一次大范围票价优惠。

这是铁路部门深化铁路供给侧结构性改革、开展“客运提质计划”、促进运输能力的有效利用、让铁路发展成果更多惠及群众的具体措施，也是铁路部门构建有升有降、灵活折价的票价服务机制的积极探索。同时，为进一步提升旅客出行体验，铁路部门还将优化推出一系列服务举措。

一是持续完善铁路运输服务措施。进一步丰富12306服务内容，在已提供余票查询、网络订餐、互联网选座等信息服务的基础上，增加完善正晚点信息、站内导航、重点旅客预约、遗失物品查找等服务；在遇到列车晚点等突发情况下，及时推送运行调整安排信息；在全国高铁主要大站提供站车Wi-Fi服务，改善旅客体验；进一步扩展服务台服务功能，统一车站服务台标识、主要功能、设备配置等，为旅客提供应急改签、求助服务、会员服务、咨询服务和投诉建议等服务。

二是加强对重点旅客的关爱服务。进一步推进地市级以上车站候车区的母婴服务区、哺乳区建设，提供婴儿护理台、饮水机、电源、座椅等设施；直辖市、省会、计划单列市所在地主要高铁大站设置儿童候车娱乐区，提供安全、简易的儿童游乐设施，为母婴旅客提供更有针对性的关爱服务。在检票口附近等方便的区域设置重点旅客候车专座，为“老、幼、病、残、孕”重点旅客提供优先检票服务。

三是提供差异化个性化服务。开发适应不同旅客人群需求的接送站服务产品，搭建全路联网的12306商旅服务平台，为旅客提供快速安检、专人引导、专区候车、行李搬运等专属延伸定制服务。依托“铁路畅行”会员计划，为集团客户、团体客户、星级会员、高端客户提供更多差异化增值服务；开发积分兑换车票、列车升舱、专区候车等服务产品。建立购票、进出站、候车全过程差异化服务体系，提升旅客的服务获得感。

据了解，2018年5月27日起，铁路运输企业还将依据价格法律法规，在充分考虑旅行舒适度和运营成本差异的基础上,进一步理顺高铁动车组列车高等级席别与二等座的比价关系，部分线路高等级席别票价水平会有所调整。

启示：铁路运输企业在开展市场营销时，应在国家宏观调控政策下，根据市场经济和铁路运输的规律采取适当的定价策略，充分发挥铁路运输企业价格优势，增强市场竞争力。

运价是铁路运输市场营销中一个复杂、敏感的因素，也是一个重要的变数，虽然其对客运市场的影响随着近年来人们对舒适度等其他因素的日益看重而有所降低，但对货运市场，尤其对大宗货物运输来说，价格仍是决定铁路运输市场份额、利润的根本因素。

第一节　价格策略概述

一、铁路运价的含义

铁路运价指铁路运输企业运输旅客或货物的价格，又称为铁路运费，包括铁路运输费用、装卸费和附带作业费。中国的铁路运价是国家计划运输价格，它的形成以运输价值为基础，在运输成本基础上加利润和税金。铁路运价按运输地区、运送方式、车辆类型、座卧席别、货物种类、运输速度、运输距离、运输条件等不同情况制定并实行差别定价。

运价是国民经济价格体系的重要组成部分，它在整个价格体系中占有重要的地位和作用。运价与物价有着极为密切的关系，它们相互影响、相互制约。运价上升可能会导致物价的上涨，物价上涨又会推动运输成本的上升，而运输成本的上升会导致运输企业利润的减少，甚至造成亏损，由此运价又必须做出相应调整。保持物价与运价的平衡关系，协调它们之间的联动是一个十分重要的问题。在我国社会主义市场经济条件下，运价具有以下几个作用。

1. 运价能够调节运输业与国民经济其他行业间的收入分配

运价是社会综合价格体系的重要组成部分，运价的变化会引起运输需求的相应变化，从而决定社会收入从运输消费者手中转向运输供给者手中的比例，也就是说，运价的高低决定了国民生产总值和国民收入在运输业与其他行业之间的分配比例。

2. 运价能够调节运输业内部不同运输方式、企业的收入分配比例

运价的任何一次变动，都会引起运输需求的相应变动，引起运量的变化。一种运输方式或一个运输企业改变运价，必然引起不同运输方式、不同运输企业间运量结构和运量比例的变化，从而引起各自运输收入的变动。因此，运价的局部调整就意味着运输收入在运输业内部的重新调整。

3. 运价能够调节运输业社会收入再分配

这里所说的社会收入再分配是指运价对不同的运输需求者收入分配的调节作用。每个运输需求者都要以运价为基础并向运输供给者支付费用。同样的运输服务如果对不同的运输需求者制定不同的运价，就意味着对他们社会收入分配的调节，亦即对他们社会收入的再分配。比如客运部门的各种优惠票价，货运部门对长期固定客户的运价优惠等。

4. 运价能够调节运输资源配置

运价能够调节运输业与其他行业及运输业内部各种运输方式之间资源的配置。市场是调节资源分配的有效手段，市场调节资源分配的职能，很大程度上取决于价格因素。经济资源是有限的，有限的资源在各生产部门的分配取决于投资收益率。投资收益率高会导致较多经济资源的注入；反之，投资收益率低，会使经济资源投入减少。运输业的投资报酬率在很大程度上取决于运价与运输需求量的综合作用，运输需求量通常又随运价的变动而变动。运价是配置和调节运输资源的重要杠杆。运价在一定程度上决定社会对运输业投资的积极性，决定了各种运输设备的利用程度。

5. 运价能够提高经济效益

加强运价管理是强化经济核算的重要内容，也是提高经济效益的基础。在市场经济条件下，最高运价未必就是最优运价，运价本身也应随运输需求变化而相应变化，这就需要建立灵活的运价调节机制，使运价能够随市场的变化而变化，从而保证运输企业经济效益最大化。

知识拓展

铁路运价管理

国家铁路的运价管理可分为三种，即基本运价的管理、客货运输杂费的管理和特定运价的管理。国家铁路的基本运价是指对整个运输市场乃至整个社会的经济生活影响比较大的那一部分运输价格，即旅客票价率和货物、行李、包裹的运价率，这部分运价的总收入占运输收入的绝大部分。基本运价的决定权属于国务院，由中国国家铁路集团有限公司（国铁集团）拟定铁路基本运价，经国务院物价主管部门审核并报国务院批准后实施。

客货运输杂费主要是指除基本运价以外的其他收费，如各种手续费、查询费、保管费、装卸费等，其收费项目和收费标准由国铁集团规定。

特定运价主要是指特定运营线的运价率、特定货物的运价率、临时营运线的运价率等，其制定权在国务院铁路主管部门和物价主管部门。

地方铁路的基本运价和运输杂费的制定权由省级人民政府的物价主管部门与铁路局集团公司共同协商确认。兼办旅客、货物运输业务的专用铁路的旅客票价率、货物运价率和旅客、货物运输杂费的收费项目和收费标准，以及铁路专用线共用的收费标准，由省级人民政府物价主管部门规定。

二、铁路运价的结构

（一）按距离别的差别运价结构（里程运价结构）

运价结构是指运价体系各部分的构成及其相互关系。简单地说，就是运输服务产品的价格由哪几部分构成，分别与哪些因素有关。按运输作业过程可以把运输支出划分为始发到达作业费、中转作业费和运行作业费三个部分。随着运距的增加，运输总支出也在增加，然而随运距成比例增加的只是中转作业费和运行作业费，不管运距多长，始发到达作业费是不变的。运距越长，分摊到单位运输里程的始发到达作业费就越少，运输成本也就越低。根据这种特点，运输部门可以实行按距离别的递远递减差别运价结构。

按距离别的差别运价结构是根据运输里程而制定的运价结构体系。按距离别制定差别运价，运价率与运输距离的关系有以下四种情况。

（1）运价率随运输距离的延长一直递远递减，与运输成本的递远递减情况基本一致。

（2）运价率在一定运距范围内递远递减，超过一定范围，则保持一个稳定水平。这主要是对运距过长运输的一种运价限制，鼓励一定运输方式的合理运输。

（3）运价率在一定范围内递远递减，超过这一范围则递远递增。这同样是为了限制不合理的过远运输。

（4）运价率不随运距的变化而变化，始终保持同一水平，又称为纯里程运价。

（二）按运输对象别的差别运价结构

1. 按货种别的差别运价结构

这是指对承运的不同货物制定高低不同的运价。采用这种运价结构的原因，主要是因为不同种类货物由于本身性质的差异而决定了它们运输成本的差异。比如不同类型的货物在性质、体积、比重、包装等方面不同，它们要求使用的车辆、运输服务条件不同，在运输成本上就存在较大差异。

按货种别的差别运价是通过货物分类和确定级差来实现的。我国现行运价体制，铁路采用分号制，公路和水运则采用分级制，分别将货物运价划分为若干号或若干等级，每一个运行号、运价等级都规定一个基本运价率，各类货物根据自己对应的运行号或运价等级来确定运价率。

2. 按客运类别的差别运价结构

不同运输方式旅客运输在运输设施、旅行速度上差别较大，而同一运输方式下，旅客运输由于所使用的设备、提供的运输服务不同，旅客所享受的舒适度也大不相同，因此，票价也存在明显差异。比如铁路客票分为普通客票、加快客票（普快、特快）、卧铺客票（硬卧、软卧）、动车组二等座票、动车组一等座票、动车组商务座票等，票价均不同；水运的客舱分一至五等舱，票价不同；飞机分头等舱、商务舱与经济舱等，票价也不同。

铁路运价的结构如图 5-1 所示。

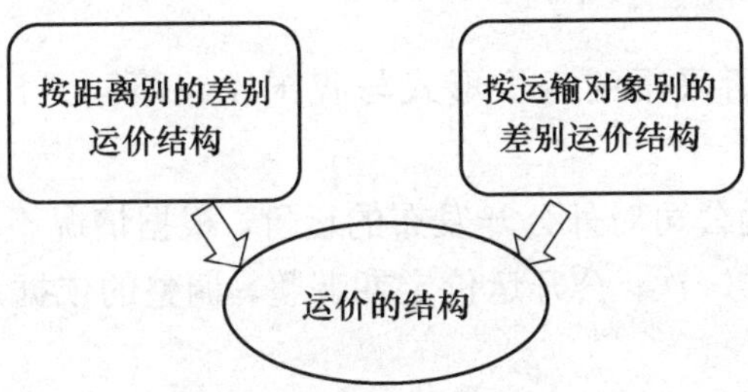

图 5-1 铁路运价的结构

三、铁路运价的形式

1. 运价的分类

根据不同情况，运价有不同的分类。按运输对象不同，运价可以分为旅客运价、货物运价和行李包裹运价；按运输方式不同，运价可以分为铁路运价、公路运价、水运运价、航空运价和管道运价，当几种运输方式联合进行一项运输时，还存在联运运价。

2. 铁路运价形式

1）普通运价

普通运价是运价的基本形式，它适用于整个铁路，是全国铁路统一执行的运价。

2）特定运价

特定运价是运价的一种辅助形式，以补充普通运价。根据运价政策，对按特殊运输条件办理，或在特定地区、线路运输的货物，规定特定运价，如对提高服务水平或改善服务质量的列车，如全空调旅客列车、货物快运列车等可实行与普通运价不同的特定运价。特定运价根据一定政策，比普通运价提高或降低一定数量，或改用较低或较高的运价号，有时也可单独制定特定运价率。

3）浮动运价

对于因季节不同，运量差异较大的线路，可根据不同情况，实行不同季节的浮动运价。实行浮动运价，运价水平可以根据普通运价上下浮动一定的百分比。

4）分线运价

对于新建铁路线路，变线或电气化改造线路，可以实行新路新价。对于具有特殊意义的线路，如大秦线等，可以根据政策，实行不同于统一运价的特殊运价。目前，分线运价一般高于统一运价。

5）地方铁路运价

有些铁路属于地方管理，具有较强的地方性，这些铁路一般实行与国家铁路不同的运价。

3. 国外铁路运价形式

国外铁路运输企业所采用的运价形式与我国铁路不同，比较典型的有以下几种。

1）公开运价

公开运价是铁路运输公司对外公开发布的运价，根据情况不同，公布的时间不同，例如有的运输公司每周公布一次。公开运价定期调整，调整的依据是运输需求、通货膨胀等的变化情况。

2）合同运价

合同运价是铁路与客户在公开运价的基础上，经过协商约定双方均能接受的价格，所以，合同运价又叫协议运价。与公开运价不同，合同运价是秘密运价。铁路公司为争取客户，对签订长期合同的客户以优惠价格相待，以保持稳定客户，争取运输市场。美国、加拿大等国家的铁路，实行公开运价的部分占15%～20%，实行合同运价的部分占80%～85%。

在公开运价和合同运价中，由于运输部门提供的运输服务、运输条件、运输时间等因素的不同，运价还有多种具体表现形式。

知识拓展

铁路客运运价规则（节选）

第一条 为维护承运人、旅客、托运人的合法权益，依据《中华人民共和国铁路法》，制定本规则。

第二条 本规则所指客运运价包括旅客票价和行李、包裹运价。客运运价与客运杂费构成全部运输费用。

第三条 国家铁路的旅客票价率和行李、包裹运价率由国务院铁路主管部门拟定，报国务院批准。客运杂费由国务院铁路主管部门规定。经国务院铁路主管部门商国家物价主管部门同意，特殊取段可实行特殊运价。

第四条 在国务院批准的价格内，经国家物价主管部门同意，国务院铁路主管部门可根据运输市场的需求实行浮动价格；对在铁路局内运行的旅客列车的票、运价，可根据具体情况，赋予铁路局自行浮动的权力。

第五条 国家铁路的旅客票价，以5角为计算单位，不足5角的尾数按2.5角以下舍去、2.5角及以上进为5角处理。国家铁路的行李、包裹运价及客运杂费的尾数保留至角。对浮动票价应分别按票种处理尾数。

第六条 除另有规定者外，本规则是计算国家铁路的旅客、行李、包裹运输费用的基本依据。

第七条 下列用语在本规则内的含义："以上""以下""以内""以外""以前""以后"——均包括本数。"超过""大于""不满""小于""不足""不够"——不包括本数。"过轨运输"——国家铁路与地方铁路、合资铁路及特殊运价区段间的相互运输。

第八条 旅客和行李、包裹的票、运价里程，以国务院铁路主管部门公布的《铁路客运运价里程表》为计算依据。发到站间跨及两条及其以上线路时，应按规定的接算站接算。

第十四条 旅客票价是以每人每千米的票价率为基础，按照旅客旅行的距离和不同的列车设备条件，采取递远递减的办法确定。具体票价以国务院铁路主管部门公布的票价表为准。

包房式卧铺票价分别按硬卧中、下铺另加30%计算。

第十六条 儿童票可享受客票、加快票和空调票的优惠，儿童票票价按相应客票和附加票票价的 50%计算，免费乘车及持儿童票乘车的儿童单独使用卧铺时，应另收全价卧铺票价，有空调时还应另收半价空调票票价。

学生票可享受硬座客票、加快票和空调票的优惠，学生票票价按相应客票和附加票票价的 50%计算，持学生票乘车的学生使用硬卧时，应另收全价硬卧票价，有空调时还应另收半价空调票票价。残疾军人票可享受客票和附加票的优惠，残疾军人票按相应客票和附加票票价的 50%计算。享受优惠的儿童、学生、伤残军人乘坐市郊、棚车时，仍按硬座客票半价计算，不再减价。

第十八条 行李、包裹运价是根据规定的运价区段，以每千克每千米的运价率乘以通过递远递减后而确定的计价里程，即得 1 千克为单位的运价基数。其他重量的运价，则以1千克的运价基数推算。

第十九条 行李、包裹的运费，根据《行李包裹运价表》按每张票据计算。每张行李、包裹的起码运费为1元。

第二十一条 行李、包裹运价的计价重量以千克为单位，不足1千克按1千克计算。

第二十二条 旅客可凭客票办理一次行李托运。托运的行李在50千克以内，按行李运价计算，超过50千克时（行李中有残疾人用车时为75千克），对超过部分按行李运价加倍计算。

第二十三条 运价不同的物品混装为一件时，按其中运价高的计算。

四、影响铁路运价的因素

影响铁路运输企业定价的因素多种多样，主要包括企业定价目标因素、企业生产成本因素、市场需求因素、市场竞争因素、政策行政因素、消费者心理因素和其他因素七个方面。

1. 企业定价目标因素

企业在生产产品和提供服务时会对自己产品产生的价值作出期望。企业产品的定价是在企业经营目标的规划下制定的，是实现企业经营目标的必要手段。保本是企业经营的最低限度要求，所以企业产品定价不会再低于这个限度，除非是在特定的经营目的情况下，比如新产品推向市场，提高知名度等，会在亏本的情况下制定出低于成本的价格。任何企业都不会凭空地确定产品价格，而是严格地按照企业的经营目标和市场情况进行产品价格的制定。

2. 企业生产成本因素

任何企业的产品都要通过交换才能实现它的价值，不能脱离交换关系而孤立地存在。企业的地理位置、交通状况、资源条件等影响企业成本的客观因素，构成影响企业成本的宏观因素；企业劳动生产率水平，新工艺、新技术、新材料的应用程度，原材料的利用情况都是影响企业成本的微观因素。产品的成本因素主要包括生产成本、销售成本、储运成本和机会成本。成本是产品价格构成中最基本、最重要的要素，也是企业定价的最低的经济参照界限。因为任何产品的生产都会产生人力、物力的耗费费用，而企业又是以获利为目的的，这就要求企业在产品销售中获得成本以外的利润，这样企业生产经营活动才能持续下去。一般情况下，产品的生产成本高，价格就会高，反之亦然。

3. 市场需求因素

市场供需是企业定价必须考虑的重要因素，也是制定产品价格的上限。一般而言，价格与需求之间成反比关系。当企业产品定价高于社会平均水平时，其社会需求会随着价格的上涨而降低，造成产品积压；反之，社会需求会随着价格降低而上涨，引起供货紧张。但是也有一些产品的需求和价格之间成正比例关系，比如有一定社会地位和身份的高消费人群对高档奢侈品及有价值的收藏品的需求等。价格的变动会影响市场需求，同样市场需求对价格的变动也有很大的反作用。

4. 市场竞争因素

市场经济要遵循优胜劣汰的规律，谁的价格优势明显，谁的市场占有率就大。企业必须重视价格竞争的策略。正确而行之有效的定价策略会给企业带来活力和生存发展的空间，如果在价格方面产生失误，会直接影响企业的经济效益，甚至关乎企业的存亡。定价策略是企业根据自身条件和市场竞争环境，从战略发展角度综合分析市场环境的动态变化情况，选择对产品经营最有利的价格量度和价格形式而制定的策略。企业为产品定价时必须考虑竞争者的产品和价格。通常，如果企业的产品和竞争者的同种产品质量差不多，那么两者的价格应该相差不多；如果企业的产品不如竞争者的产品，其价格就应适当降低；如果企业的产品优于竞争者的产品，那么价格就可以定高些。

5. 政策行政因素

国家的法律、政策对市场价格的制定和调整都有相应的规定。如禁止价格垄断、禁止价格欺诈、禁止价格歧视和禁止低价倾销等。政府为了达到或者是维护经济秩序，或者有其他的目的，可能会通过立法或者其他途径对企业的定价进行干预。政府的干预包括规定毛利率，规定最高、最低限价，限制价格的浮动幅度或者规定价格变动的审批手续，实行价格补贴等。

6. 消费者心理因素

消费者在消费过程中必然会产生种种复杂的心理活动，并支配消费者做出消费决策，因此产品定价要充分考虑消费者的价格心理。虽然产品价格有客观标准，产品的价格是以产品的价值为基础的，但在高速发展的现代社会里，决定产品价值的社会必要劳动时间变化莫测，消费者不可能了解每一种产品的价值，他们对产品价格的认知和判断受产品实际价值的影响减少，反而更多地受消费者在长期的消费实践中所形成的价格心理的影响。因此，掌握消费者的价格心理，并根据消费者的价格心理制定产品的定价，是企业营销制胜的关键。

7. 其他因素

企业有时还需要根据企业形象塑造的要求，对产品价格做出限制。企业为树立这一定价目标，就会在价格行为中照顾消费者，争取社会赞扬，关心合作伙伴，维护公共秩序，服从国家宏观经济发展目标要求等。例如企业为了树立热心公益事业的形象，会将某些有关公益事业的产品价格定得较低。

第二节 铁路客运价格策略

铁路客运运价属消费品价格体系。由于铁路客运运输是我国重要的运输方式之一，它对沟通、交流各地区间政治、经济、文化、人民生活起着重要作用，因此，铁路客运运价对市场价格和人民生活有着一定影响。客运运价以不同列车和车辆的运输成本为依据，实行全国统一运价。客运运价还考虑了国家有关经济、文化的需要，体现了社会主义制度的优越性，如对学生、伤残军人等特定群体，市郊线路等特定线路，都不同程度地规定了较低的票价。

一、铁路客运价格的构成和特点

1. 铁路客运价格的构成

铁路客运价格又称客运运费，由客运运价和客运杂费组成。客运运价包括旅客票价和行包运价，旅客票价由客票票价和附加票价两部分组成，其中客票票价分为硬座、软座票价，附加票价分为加快、硬卧、空调票价。

旅客票价是以每人每千米的票价率为基础，按照旅客旅行的距离和不同的列车设备条件，采取递远递减的办法确定的。具体票价以国务院铁路主管部门公布的票价表为准。

每千克行李运价率为硬座客票票价率的1%，即100 kg•km的行李运价率等于1人•km的硬座客票基本票价率。

包裹运价率以三类包裹运价率为基数，其他各类包裹运价率按三类运价率加成或减成的比例确定。

客运杂费是指在铁路运输过程中，除旅客车票票价和行李包裹运价以外，铁路运输企业向旅客、托运人、收货人提供辅助作业，劳务及物耗等所收的费用。客运杂费的收费项目和收费标准由国务院铁路主管部门制定，如列车上补票手续费、退票费、标签费、搬运费、接取送达费等。

2. 铁路客运价格的特点

在不同经济时期，铁路客运有不同的价格形式。在我国经济发展过程中出现过三种价格形式，即统一价格（国家统一制定的计划价格）、国家指导价格（在国家允许的幅度内上下浮动的价格）和市场价格（在国家许可的范围内，在市场机制条件下形成的价格）。在这三种价格形式下，企业的定价空间（或定价权限）是不同的。在第一种情况下，企业只能执行统一定价，无定价权；在第二、第三种情况下，企业有一定的定价权。我国铁路运输企业长期执行国家计划运价，但随着社会主义市场经济的建立，运输市场竞争加剧，国务院和铁路主管部门在运价管理上允许铁路运输企业在一定的幅度内上下浮动运价，给予铁路运输企业一定的定价空间，以适应运输市场竞争的需要。

（1）铁路客运产品和定价的前提。目前国家铁路的旅客票价率和行李、包裹运价率由国务院铁路主管部门拟订，报国务院批准。客运杂费由国务院铁路主管部门规定。

（2）铁路客运产品定价空间。随着铁路运价管理的改革，国务院和铁路主管部门给予铁路运输企业一定的定价空间。

① 国铁集团在国务院批准的价格内，经国家物价部门同意，可以根据运输市场的需求，实行浮动价格、季节性调价等。

② 国铁集团经国家物价部门同意，对一些特殊运输方式和特殊运价区段可实行特殊运价，如包车、租车、挂运行驶等运价；国家铁路、地方铁路及特殊运价区段间办理直通运输的运价等。

③ 铁路局集团公司根据具体情况有权对在局管内运行的旅客列车的票价、运价自行浮动。

④ 对铁路局集团公司管内有空闲卧铺的列车，各局有权实行优惠卧铺票价，跨局列车需要实行优惠卧铺票价时，需经国铁集团批准。

⑤ 铁路企业自行开展的延伸服务项目（除《铁路客运运价规则》规定的客运杂费收费项目外）可根据运输市场需求情况自行定价和自行浮动。

二、制定铁路客运价格策略的原则

开展客运营销，首先要解决交换问题，争取实现铁路客运服务与旅客手中的货币的交换。只有实现这种交换，铁路客运企业才有可能达到自己的经营目的。然而，这种交换能否实现，与客运产品价格关系极大。旅客在选择运输方式时，一般都会比较谁的价格最合理，谁的价格更便宜；而运输企业追求的则是效益最大化。价格策略是影响企业经营效益大小的关键因素。定价过低，连成本都不能补偿，那么运得越多可能赔得越多；定价过高，会抑制市场需求，造成客源流失，市场份额下降，也不会有理想的效益。所以，企业必须精心制定价格策略，在不影响市场吸引力和市场竞争力的前提下，寻求价格的最高值。制定铁路运价策略主要应依据以下几个原则。

1. 遵循价值规律原则

铁路运价要能够补偿铁路运输生产过程中的各项必要耗费，满足铁路运输企业简单再生产的需要，还要能够满足铁路运输企业扩大再生产的需要，使铁路运输企业获取合理的利润，不断地发展、进步，以适应国民经济和社会发展的需要；要能够使铁路运输企业投入较多人力、物力、财力开发的新产品得到合理的效益，鼓励其改进技术，更新设备，提高服务水平，满足广大旅客不断提高的需求。当然，要促使铁路运输企业降低运输成本，提高运输效率，决不能单纯用提价来掩盖经营管理上的问题。

2. 市场化原则

铁路运价的制定必须符合市场经济条件下供求规律的要求，积极自觉地运用价格杠杆调节供求关系。即当供过于求时，就应通过降价的手段吸引客流；当供不应求时，则可通过提价的方式抑制客流。否则，就会造成运力浪费或运力紧张，收不到良好的营销效果。要使运价适应市场竞争的需要，就要灵活调整运价水平，以保证铁路客运的优势地位。由于铁路运输企业的特殊性，市场化必然是铁路运输企业长期、稳定、协调发展的趋势，由市场来决定运价的范围将逐步扩大。

3. 整体性原则

由于铁路运输在整个运输市场及国民经济与社会发展中的重要地位，铁路运价的影响面是很大的，受制因素也很多。制定铁路客运价格必须从整体上进行系统的考虑，要依据国家经济和社会发展的需要、有关的政策法律制度、现实经济发展水平和人民生活水平、旅客的消费心理和消费习惯、各竞争对手的价格状况、企业自身的经营状况、企业的发展目标等来制定；否则，便可能使运价出现这样或那样的问题。铁路客运企业是以旅客位移为主打产品的多种经营企业，与旅客位移有连带关系的经营项目很多，如吃、住、游、广告等，如果制定运价时能从整体上考虑与其他经营项目的关系，效果会更好。

4. 差异性原则

铁路运输所处的地域不同，时间不同，所面对的供求状况和竞争形势不同，提供的服务内容和服务形式不同，追求的目的不同，决定了铁路运价的差异性。铁路客运价格不应过分追求统一性，而应根据具体情况具体定价。要研究不同地域、不同时间、不同形势下的不同客运方式的定价规律，合理地确定价格标准。

5. 动态性原则

铁路运输的内外环境总是变化着的，要保持和提高盈利水平，适应市场需求赢得竞争，调节供求关系，都要求运价是动态的，固定运价难以应对变化的市场。动态的运价能及时灵活地调整价格策略，抢占市场先机，获取经济利益和社会效益。

6. 公平合理的原则

铁路客运运价的制定要遵守国家有关法律政策，遵循价值规律和市场竞争规则，须有益于国民经济和社会发展，照顾到广大旅客的正当权益，还要顾及铁路运输企业的长远利益。坚持公平合理的原则，铁路运输企业才能更好地履行其对社会的承诺；才能与旅客建立起协调的、长久的合作关系，与竞争对手建立起健康有序的竞争关系，才会树立起良好的社会形象，赢得较高的企业声誉。

三、铁路客运的价格策略

1. 建立运价与物价的联动机制

建立铁路运价与社会物价的联动机制，使铁路运价与社会物价同步联动。铁路运价的上调幅度应与社会物价的上升幅度相适应，这样才能保证铁路运输与整个国民经济的协调发展。

2. 实行浮动运价

为了使运价能适应供需关系的变化和竞争关系的变化，保持和扩大市场占有份额，提高盈利水平，可以实行浮动运价，由国家控制运价的总水平，管理基本运价，并赋予铁路企业一定的自主权。

3. 实行季节运价

运输市场的季节性很强，不同的季节会表现出不同的供求规律，有时供不应求，有时供过于求。为了适应供求特点，也为了缓解供求矛盾，提高市场占有率和盈利水平，铁路可实行季节运价，在需求旺季运价可适当高些，在需求淡季运价可适当低些。例如铁路的春运、暑运是铁路客流两大高峰期，这期间的票价在原有基础上上浮，既可以增加铁路的收入，调动铁路员工的积极性，又可以调整高峰期运量，实现均衡运输。

4. 实行区域运价

我国的经济发展极不平衡，有发达地区，也有欠发达地区。交通状况也有很大差别，有的地区交通发达，各种运输方式竞争激烈，而有的地区铁路还是独家经营，处于垄断地位。为了适应旅客的经济承受能力，支援地方经济建设，也为了适应市场竞争需要，取得合理经营效益，铁路应该实行区域运价。对于某些运量小、成本高、周边经济又欠发达的支线，尤其应依具体情况来定价，而不应机械地实行全路统一运价。

5. 实行协议运价

市场形势是千变万化的，实行协议运价，供需见面，通过讨价还价寻求双方都能接受的价位，能够更准确地反映供求关系和竞争关系，也会促进运力资源的优化配置。协议运价又称合同运价，为了搞好协议运价，铁路运输企业要提高运价管理水平，准确计算运输成本，把握市场动态，了解客户，掌握谈判艺术并运用合同来管理运价，增强协议运价的法律效力。

第三节 铁路货运价格策略

一、铁路货运运价的含义和原则

1. 铁路货运运价的含义

除按货种别、距离别两种基本形式的运价外，铁路货运运价还包括水陆联运运价、国际联运运价、特定运价、地方运价等。现行铁路货运运价制度关于计费问题的基本内容如下。

（1）计算运费的货物重量，一般按货物实际重量计费；按货车技术装载标准量（简称“技量”）计费和按货车标记载重量（简称“标重”）计费。目前，我国铁路对整车货物一般按标重计费，以吨为单位；零担货物按货物重量计费；集装箱货物按箱计费。

（2）运价里程。运价里程指货物自发送站至到达站间的距离（不包括专用线、货运支线的里程），按发到站间最短径路计算。在特殊情况下，按线路经由计算。

（3）货物运价率。货物运价率是计算货物运费的重要依据。货物运价率表包括运价号、里程区段和运价率三部分。

（4）货物运费的计算里程表是先按运价里程表算出发站至到站间的运价里程，再根据货物品名表查出所适用的运价号，然后根据运价里程和运价号，在运价率表中查出适用的运价率，用确定的计费重量和适用的运价率相乘，算出运费。计费规定有特殊指定的办法，以及水陆联运、国际联运等，按有关规定处理。

2. 铁路货运运价的原则

铁路货运运价对于国民经济的发展具有重要作用，它不仅关系着铁路本身的经济效益，而且也影响到国民经济各部门的经济发展。因此，在制定运价时，必须贯彻国家经济政策和价格政策，认真遵守下列原则。

（1）有利于促进工农业生产的发展。

（2）有利于促进各种运输方式间的分工与协作。

（3）有利于促进合理使用铁路运输工具。

（4）有利于促进生产力的合理布局。

（5）有利于促进人民生活水平的提高。

二、铁路货运运价的分类

1. 按适用范围分

铁路货运运价按其适用范围可以分为普通运价、特定运价、优待运价、国际联运运价及地方运价等。

（1）普通运价。作为货运运价的基本形式，普通运价是在全路办理正式营业的铁路运输线上都适用的统一运价。我国现行的整车货物、冷藏车货物、零担货物和集装箱货物运价即属普通运价。无论是普通货物或按特殊条件运送的货物，都是以此作为计算运费的基本依据。不过，特殊条件运送的货物在某些情况下作一些特殊规定。例如，超限货物是特殊条件运送的货物，其运价是按不同超限等级分别在普通货物运价的运价率上加 50%或100%计算运费。

（2）特定运价。特定运价是指在一定条件下，运送一定种类货物时规定的运价。它是国家在一定时期内对某些货物临时采取的限制或鼓励手段，是贯彻国家经济政策的一种体现，是普通运价的重要补充，特定运价可以高于或低于普通运价。我国现行《铁路货物运价规则》所规定的特定运价都是低于普通运价的一种运价。如《铁路货物运价规则》中第二号特定运价，就是为了发展我国集装箱运输，鼓励企业单位多制造集装用具，对企业自备集装用具凭收货人提出的运输证明书回送时，其运费整车按 4 号、零担按 23 号运价率减成计费。

（3）优待运价。优待运价是对一定机关或企业运输的一切货物或对于不同托运人运送给一定机关或企业的货物而规定的低于普通运价的一种运价。例如，企业自备 10 t 及其以下通用集装箱装运货物按其适用的运价率减 20%计费；又如，托运人自备货车或租用铁路货车装运货物用铁路机车牵引或铁路货车装运货物用该托运人机车牵引运输时，按所装货物运价率减 20%计费。

（4）国际联运运价。国际联运运价是指经铁路国际联运的货物所规定的运价，包括过境运输和国内区段运输两部分运价。过境运输运费按《国际货协统一过境运价规程》的规定办理；国内区段运输运费按现行《铁路货物运价规则》的规定办理。

（5）地方运价。地方运价是铁路局集团公司经国铁集团批准对某些管内支线或地方政府对地方铁路所规定的运价。

2. 按货物运输种类分

铁路货运运价按货物运输种类，可以分为整车货物运价，零担货物运价、集装箱货物运价等。

（1）整车货物运价。整车货物运价是指对按整车运送的货物所规定的运价。我国铁路整车货物运价按运输距离别的每吨或每轴的费率计价。冷藏车货物运价是整车货物运价的一个组成部分，是对按冷藏车运送的货物所规定的运价。我国铁路冷藏车货物运价规定按运输距离别的每吨的费率计价。

（2）零担货物运价。零担货物运价是指对按零担运送的货物所规定的运价。我国铁路零担货物的运价规定按运输距离别的每 10 kg 的费率计价。

（3）集装箱货物运价。集装箱货物运价是对按集装箱运送的货物所规定的运价，我国铁路集装箱货物的运价规定按运输距离别的每箱的费率计价。

我国现行铁路货物运价，采用分号运价制，即将运价设立若干个运价号。整车货物运价为 12 个号（即 1～12 号）；冷藏车货物运价按加冰冷藏车和机械冷藏车两类来计算，相当于两个运价号；零担货物运价分为 5 个号（即 21～25 号）；集装箱货物按箱型及货物名称计费，但货物只分两大类，因此，也相当于两个运价号。

三、铁路货运价格的构成和特点

1. 铁路货运价格的构成

铁路货运价格又称货运运费，由货物运价、其他费用和货运杂费组成。影响货运运价的因素有货物适用的发到基价、运行基价、运行里程、计费重量等。货运运价按照货物运输种类不同，可分为整车货物运价、零担货物运价、集装箱货物运价等，整车运价是以车为单位核收的，零担运价是以 10 kg 为单位核收的，集装箱运价是以箱为单位核收的，各类型货物运输的运价公式如下。

$$整车货物运价=（基价1+基价2\times运价里程）\times计费重量$$

零担货物运价＝（基价 1＋基价 2×运价里程）×计费重量/10 kg

集装箱货物运价＝（基价 1＋基价 2×运价里程）×箱数

上式中的基价 1 又称为发到基价，基价 2 又称为运行基价，它们均属于铁路货物的运价率，由国铁集团制定，报国务院批准。

除运价之外，货运运价中还包括其他费用和货运杂费，由国铁集团统一制定。例如，电气化铁路附加费、集装箱使用费、货物仓储保管费、篷布使用费、装卸车费、接取送达费、门到门运输服务费等。

2. 铁路货运价格的特点

（1）铁路货运产品定价的前提。目前我国铁路运输中货物的运价率由国铁集团拟订，报国务院批准，货运杂费由国铁集团统一规定。

（2）铁路货运产品的定价空间。随着铁路运价改革的深入，国务院和铁路主管部门也给予铁路运输企业货运产品一定的定价空间，具体内容如下。

① 货运杂费的灵活浮动。各铁路局集团公司经国铁集团批准进行货运改革试点的货场和“五定”班列的发、到站，依据货运杂费费率表，按实际发生的项目核收。

② 充分利用空车回送，顺路装车的价格优惠政策，降低货主运输成本，吸引货源，减少运能浪费。

③ 对批量运输的整车和集装箱货物运输，经上级同意可以实行优惠政策。

④ 集装箱专列经批准可以实行优惠政策，“五定”班列实行包车位或批量优惠价。

知识拓展

控制价外收费，保持铁路运价价位优势

在市场经济条件下，铁路运输企业要在激烈的运输市场竞争中充分发挥运价的调节作用，发挥铁路运输的价位优势，一个重要而紧迫的问题就是整顿铁路客货运输收费，制止价外乱收费行为。

1. 价外收费

铁路运价包括基础运价、合理杂费、国家规定的建设基金，除此以外的收费称为价外收费。价外收费包括合理的价外收费（如货主所需要的延伸服务收费和省、部级以上政府依法规制定的收费项目）和不合理的价外收费（乱收费）。铁路不少价外收费主要是以货主增加服务项目的名义开展的，延伸服务项目在一定程度上极大地方便了货主，受到社会各界的好评，也为铁路运输企业带来了一定的经济效益，但是，一些不合理的价外收费也是显而易见的，主要表现如下。

（1）价外收费过滥。一方面，除收取基本运价、建设基金和杂费外，还有五花八门、名目繁多的价外收费，多达几十项。这样使铁路运费总水平不断攀升，有的超过运价的几倍。另一方面，出现了只收费不服务、巧立名目多收费或乱收费现象，甚至强行收费、重复收费。例如，有些单位服务少，收费高；有些单位不服务也要收费；有些单位把车皮、车票切块分配，加收费用；有些货场，订单不是货主志愿填报，而是由工作人员划定，强行服务和收费；对于有些货物的接取、送达业务，铁路有关单位强行服务、强制收费等。

（2）多头收费。不仅运输主业收，多经、集经和各种协会也收；不仅发到站收，中间环节也收；不仅铁路自己收，还代地方收。

（3）价外收费不合理。有关部门曾对郑州东站发往天津南站的一个 1 t 重集装箱的收费进行了剖析。结果发现，每吨公里的费用达 0.34 元，远远高于当时国家规定的运价，而与公路基本持平，加上公路固有的优势，铁路在市场上还有多大的竞争能力则可想而知。

2. 不合理价外收费产生的原因

不合理的价外收费产生的原因是多方面的：一是铁路运价管理长期过于集中，运价体制过于僵化；二是铁路内部各利益主体的趋利行为，如为了各自的局部利益，站车之间、站场之间、主业、集经和多经之间会产生一些矛盾，各自本着自己的利益会产生一些不合理的价外收费；三是与利润的分配不合理有关。这些原因值得深入分析和研究。

3. 不合理收费的后果

铁路不合理收费行为使铁路原有的价格优势丧失殆尽，使越来越多的货主离开了铁路，铁路自己将市场拱手让给了竞争对手。不合理收费对铁路运输企业造成的危害是严重的、多方面的。

首先，严重削弱了铁路运输企业的市场竞争能力。铁路真正的运价并不高，但基本运价以外的收费项目过多、过乱和收费水平过高，使铁路丧失了低价的优势，逼走了货主，损失了货源，减少了铁路运输市场份额，成为铁路运输走向市场的障碍。

其次，损坏了铁路运输企业的形象，败坏了铁路运输企业的声誉。乱收费加重了货主的负担，货主意见很大，社会舆论反应强烈，给铁路运输企业的形象造成不良影响。

最后，滋生腐败，腐蚀干部、职工。不少单位收费管理混乱，部分资金流入“小金库”和个人腰包，助长了腐败现象和行业不正之风。

解决铁路不合理价外收费问题，已经成为关系铁路运输企业生存和发展的一项紧迫任务。铁路运输企业必须清醒认识乱收费的严重性和危害性，增强危机感、责任感和紧迫感，采取积极、有效的措施，努力整顿铁路货运收费，这样才能赢得货主的信赖，提高铁路运输市场占有率。例如，各车站、货场要尽快实行铁路货物运输服务订单制。在服务订单中列明各项铁路运输服务项目并明码标价，使用户按需要自由选择，逐项计算确定铁路运费、杂费和延伸服务收费金额，车站、货场不得在订单约定范围以外加入其他任何费用。这样才能真正实现一口价、一个窗口对外、一票结算，既简化了货运办理手续、减少了中间环节、最大限度地方便了货主，又规范了收费项目和收费标准，遏制了价外乱收费现象。

四、铁路货运价格策略的重要性

铁路货运价格是铁路运输企业市场营销组合的一个重要变量，也是最复杂、最敏感的一个市场因素。运价是运输业主要的经济杠杆，运价制度运用得当与否，关系到国家和广大消费者的利益，同时，也关系到企业的经济效益和发展前途。

我国现行铁路货物运价存在很多问题，货物运价背离价值规律的现象仍然存在。全路统一运价的实行，无法兼顾不同地区、不同线路周边的经济发展水平，随市场供求关系变化不大，运价模式较单一；铁路运价体系不透明，价外收费现象比较严重，运价调节机制僵化，使得铁路在当前激烈的竞争中处于被动局面。统一运价标准的价格体系虽然对保持我国经济稳定发挥了较大的作用，但是阻碍了铁路在激烈竞争中的发展，因此，必须在此基础上制定有效的价格策略，充分发挥价格的杠杆作用，保持铁路在货运市场中的竞争优势，扩大铁路货运市场份额。

知识拓展

美国铁路货运价格策略

美国铁路运价比较灵活，在按照货物类别、距离、重量等确定的基本运价的基础上，铁路企业可以与客户协商签订运输合同。美国铁路的一些运价策略充分体现了多运低价的特点。

（1）激励运价。单车按载重分段计价，低吨位高价位，高吨位低价位，旨在鼓励多装多运，但规定了最小装载重量。

（2）整车运价。整车运价低于非整车运输价格，但规定了整车运输的最小载重量。

（3）混装运价。不同类别的货物混装比单独装载某类货物的运价低，这是专门为与卡车竞争而制定的运价。这种运价只按重量计费，而不考虑货物类别，特别适用于零售连锁业、货运代理商、客户同盟及小包裹或邮件服务商。

（4）整列运价。铁路为客户提供优惠运价，客户必须保证一定的运量，并且一旦开出，即按整列计算，而不考虑编组情况。

此外，在合同运价中，如果客户同意减免铁路的运输责任，如降低对货物损失的赔偿要求，则可以得到更多的运价优惠。

实训分析

项目实训：制订铁路运输产品定价方案

【实训目标】

（1）从产品成本、市场需求、竞争状况等方面分析各因素对企业产品价格的影响；

（2）能够为铁路运输企业选择恰当的定价方法；

（3）能够根据企业所处的营销环境选择合适的价格策略。

【实训内容与要求】

（1）全班同学自由组合成若干个学习小组，各学习小组通过课堂学习，对相关概念建立较深的认识。

（2）各学习小组为某铁路企业制订合理的定价方案，并撰写不少于 2 000 字的产品定价策划书。

【实训成果与检测】

各小组成员提交产品定价策划书并进行课堂交流与讨论，教师根据每个人的策划书进行评估、打分。

第六章
铁路运输分销渠道策略

案例导入

“云台山号”旅游专列分销渠道营销

分销渠道营销，就是在适当的时间，把适量产品送到适当的销售地点，并以适当的陈列方式，将产品呈现在目标市场的消费者眼前，以方便消费者选购。由于旅游产品具有不可提前选购的特殊属性，因此，开展营销工作时，渠道开发往往有特殊的策略。

河南焦作的云台山景区经过论证、开发，被河南省人民政府确定为风景名胜区，年接待游客人数至少 500 万人次，门票收入至少 3.7 亿元。“云台山号”北京至焦作定时旅游专列的开行，为景区成功地打开了北京市场。随后，上海至焦作、广州至焦作、武汉至焦作旅游专列相继开通，成功打开上海、广州、武汉等地的市场。2017 年，云台山景区全年接待游客 556 万人次，实现旅游总营业收入 5.05 亿元。

启示：铁路交通无疑是制衡许多景区发展的重要因素，积极主动地进行分销渠道营销，比如开行旅游专列，就可以启动景区的市场营销，拉动旅客的增长，更能够推动铁路运输的市场开拓，获得较高的经济效益。

第一节　分销渠道概述

一、运输产品分销渠道的含义及其特点

1. 运输产品分销渠道的含义

分销渠道也称为分配渠道或交易渠道，是指产品从生产者传递至消费者或用户的过程中的所有中间环节，这些中间环节包括参与交易活动的各种批发商、零售商、经纪人、代理商等中间机构。这些渠道成员相互联系，各自承担不同的营销职能，起到促进交换和确保交易畅通的作用。

运输产品分销渠道是将运输产品从运输企业转向运输用户所经过的所有企业和个人而形成的通道，其取决于运输业务的运力和销售活动，不存在产品所有权的转移。它的独特之处在于，运输服务的组织系统，是向货主、旅客提供运输服务，具有共同目标的单位或个人组成的系统，包括运输企业、旅客、货主、中间环节等。中间环节是为达成运输活动而进行的客源、货源组织的各种中间商，具体包括：场站组织——车站、码头、机场等，代理商——货运代理、船务代理、客运代理及受运输企业委托建立的售票点、揽货点，联运公司——办理多种运输方式联合运输业务的运输公司，委托商——由运输企业或代理商委托而成立的为运输企业组织客源、货源的组货点、代办处等。运输产品分销渠道的概念可以从以下三个方面理解。

（1）分销渠道的起点是生产者，终点是旅客或者货主。销售渠道作为产品据以流通的途径，就必然是一端连接生产，一端连接消费，通过销售渠道把生产者提供的产品或服务，源源不断地流向旅客或货主。在这个流通过程中，主要包含着商品所有权转移和商品实体转移，这两种转移既相互联系又相互区别。商品的实体转移是以商品所有权转移为前提的，它也是实现商品所有权转移的保证。

（2）分销渠道是一组路线，是由生产商根据产品的特性进行组织和设计的，在大多数情况下，生产商所设计的渠道策略要充分考虑其参与者——中间商。

（3）产品在由生产者向旅客或货主转移的过程中，通常都会围绕着产品价值的最终实现，形成从生产到消费者的一定路线或通道，这些通道从营销的角度来看，就是分销渠道。

2. 运输产品分销渠道的特点

1）前置性

运输行为的发生前提是运输企业或运输中间商通过各种形式组织客流、货源，根据客流、货源的组织情况或事先约定好的服务方式组织运输，实现运输产品位移。运输企业应根据客流、货源的分布情况和自身特点，在网点布局、组织方式等方面采取不同的策略，确保运输生产的顺利进行。

2）相对稳定性

运输企业采取使用中间商的分销渠道，往往会通过签订合同的形式来确定与中间商的长期合作关系，这种相对稳定的合作关系能使双方在合作的基础上互惠互利，共同管理分销渠道，即使市场情形发生变化，分销渠道也不会轻易改变。因此，运输企业在设计和选择分销渠道时要注意相关分销渠道政策必须与企业的长期发展目标相适应，确保渠道的相对稳定性。

3）多样性

消费者对运输有多种需求，决定了运输产品分销渠道的多样性。长期而稳定的大宗客流、货源要求运输企业以固定的运输方式来完成位移活动，而零星客流、货源大都通过中间商进行组织，并采用灵活的运输方式完成位移活动。从渠道的构成看，消费品的运输渠道往往比工业用品的运输渠道长。不同产品的特点，决定了运输产品分销渠道的不同形式。

4）关联性

运输产品的分销渠道不仅与所涉及的渠道成员有关，而且与产品的其他营销策略及竞争对手所采取的策略相关。例如，针对公路运输企业灵活多样的营销策略，铁路货物运输也开始试行使用中间商揽货和全程承包运输等形式的分销渠道。

3. 运输产品分销渠道的作用

在商品经济高度发达的现代社会里，大多数产品不是由生产者直接供应给消费者的，而需要经过或多或少的中间环节，即由中间商供应给消费者，中间商是商品经济发展的必然产物。随着商品经济的发展，为了解决生产和消费之间在数量、品种、时间、地点等方面存在的差异与矛盾，并节约社会劳动，需要经过中间环节。分销渠道在产品销售中有着重要的作用。

（1）分销渠道可以大大提高企业资金的利用率。市场规模的巨大性决定了生产厂商无力在各个市场上从事其分销工作，特别是当分销工作范围极大甚至涉及其他国家时，企业投资建立自己的销售网点所取得的收益率会远远低于投资企业的生产组织活动所取得的收益率。

（2）分销渠道可以促使产品（服务）销售过程更为顺畅。分销渠道的中间商是市场的专家，他们对各个市场的情况更加熟悉，能更好地协调生产商与消费者之间的各种矛盾，厂商专业化往往要求生产大批量而品种有限的产品，这与消费者需要数量小而品种多样的商品相矛盾，造成产销之间在空间（地点）、时间、产品批量等方面的差异。通过中间商和辅助机构完成产品分类、运输、储存、拆分和品种汇总等专门化功能，提供地点效用、时间效用和所有权效用，可以使流通过程更为顺畅，并产生集约经济效益。在线旅游订票平台（如携程、去哪儿、飞猪等）正是作为多运输产品分销平台而生存的。

（3）分销渠道成员之间的协作，可以减少每次交易过程中双方就订货、计价、服务责任、支付方式和时间等的洽谈次数，提高了交易效率，节约了分销成本。同时，交易规范化还将促进交易系统的发展，推动产品和服务的标准化，使经营绩效更便于评估，使渠道成员之间的合作更为有效。

（4）分销渠道可以帮助企业建立竞争优势。伴随市场环境迅速变化和竞争日趋激烈，运输企业需要更为紧密、更精确地联系经过细分的目标市场，因而必须选择能获得竞争优势的分销系统。市场竞争已经不是单个企业之间的竞争，而是一个个完整的分销系统之间的竞争。

二、分销渠道的类型

运输服务的过程不存在商品所有权的转移，因而运输产品分销渠道比有形产品的分销渠道更直接。运输产品分销渠道按不同分类标准可以划分为不同的类型。

1. 直接渠道和间接渠道

运输产品分销渠道按照是否经过中间商这一环节可以分为直接渠道和间接渠道。直接渠道是指运输企业直接为运输需求者提供运输服务。供需双方按运输合同规定的条款来实现运输过程，这种方式可以加强运输企业和运输需求者之间的联系，使运输企业及时了解运输市场需求动态，为提供各种服务创造条件。

间接渠道是指运输企业通过运输中间商为运输需求者提供运输服务。采用这种方式可以利用运输中间商的丰富组织经验和广泛关系网，组织客流、货源，量大且相对稳定，便于运输企业组织均衡运输，提高运输效率，有利于运输需求双方简化手续，但是容易使运输企业无法了解运输市场需求信息，有一定的市场风险。而且运输企业对中间商大多实行折扣价格、优惠政策等，这使运输企业运输的利润减少。

2. 长渠道和短渠道

运输产品分销渠道按渠道中间商层次的多少可以分为长渠道和短渠道。一般将有两层或两层以上的中间商介入的分销渠道称为长渠道，将直接渠道和只有一层中间商介入的分销渠道称为短渠道。分销渠道短，有利于简化运输产品的流通环节，消除中间商的利润，使商品价格更具有竞争力；有利于运输企业控制渠道，更多地了解市场信息和消费者对运输的需求；有利于运输企业更好地宣传运输服务项目，提高企业声誉和树立企业形象。采用短渠道分销策略，不仅消耗了运输企业的大量资源，而且使运输企业保留的运输责任增多，因此并不是所有的产品都适合短渠道销售。

分销渠道长，有利于运输企业组织客流、货源，并根据实际情况选择合适的运输方式，能满足众多零星客流、货源对运输的要求，运输企业保留的运输责任更少，但中间环节多，必然导致商品价格上升。

运输企业应根据不同地区（如大城市与小城市）的差异、产品因素、中间商的特点和竞争者的情况来综合确定分销渠道的长短，而不应局限于现有的固定结构。目前多数运输产品采用直接渠道和一级渠道，这样既保证了运输产品的时效性又可以有更广大的市场覆盖面，以扩大分销网络，赢得更多顾客。

3. 宽渠道和窄渠道

运输产品分销渠道的宽窄取决于渠道的每个环节中同类型中间商数目的多少。企业使用的同类中间商多，产品在市场上的分销面广，称为宽渠道；反之，称为窄渠道。我国铁路客货运输，目前还存在着地域性、时间性运输短缺现象，这类运输产品的销售适合选择窄渠道。

4. 单渠道和多渠道

从整个分销渠道结构来看，按运输企业采用的渠道类型的多少，分销渠道可分为单渠道和多渠道。企业全部运输产品都由自己直接销售，称为单渠道；反之，称为多渠道。这体现的是分销渠道的广度。随着市场的发展和竞争的需要，单渠道分销缺乏灵活性，很难使企业有较高的营销效率，因而多数企业都实行多种分销渠道政策，运输企业也不例外。

5. 固定渠道和流动渠道

运输产品分销渠道按照是否有固定场所可以划分为固定渠道和流动渠道。固定渠道是指运输企业通过某些固定场所去满足消费者对运输的需求，实现运输产品的销售过程。一般运输企业都有固定的服务场所，如车站、机场、托运站点等，运输需求者到这些场所来办理各种乘坐或托运手续，这些场所往往是客、货位移的开始，这种方式适用于旅客运输、零担货物运输等方式。流动渠道是指运输企业根据消费者的需要随时随地提供运输服务，而不需固定的服务场所，这种方式对公路运输十分适用，可以随时根据旅客、货主的需求提供运输服务，如货运包车服务等。

企业选择何种类型的分销渠道，会受到各种因素的影响和制约，企业必须充分考虑产品因素，市场的消费者因素，中间商和竞争者因素，企业自身的产品组合、经营实力、管理能力因素，以及国家的政治、经济环境等因素，从而对可供选择的分销渠道进行综合评估和决策。

知识拓展

运输产品分销渠道设计遵循的原则

企业产品的分销渠道设计是指为实现分销目标，对各种被选渠道结构进行评估和选择，从而开发新型的分销渠道或改进现有分销渠道的过程。在设计分销渠道的时候，下列几点原则是每个运输企业都必须遵循的。

1. 客户导向原则

企业要发展必须将客户要求放在第一位，建立客户导向的经营思想。这需要通过周密细致的市场调查研究，不仅要提供符合消费者需求的产品，同时还必须使营销渠道为目标消费者的购买提供方便，满足消费者在购买时间、地点及售后服务上的需求。

2. 最大效率原则

企业选择合适的渠道模式，目的在于提高流通的效率，不断降低流通过程中的费用，使分销网络的各个阶段、各个环节、各个流程的费用合理化，尽可能地降低产品成本，获得市场竞争优势。

3. 发挥企业优势的原则

企业在选择分销渠道时要注意发挥自身的优势，确保在市场竞争中占据优势地位。现代市场经济的竞争早已是综合性的整体竞争，企业依据自身的特长选择适合的渠道销售模式能够达到最佳的经济效应和良好的客户反应。同时企业也要注意保证渠道成员的合作，以贯彻企业自身的战略方针与政策。

4. 合理分配利益原则

合理分配利益是渠道合作的关键，利益的分配不公常常是渠道成员矛盾冲突的根源，因此企业应该设置一整套合理的利益分配制度，根据渠道成员负担的职能，投入的资源和取得的成绩，合理分配渠道合作所带来的利益。

5. 协作原则

渠道成员之间不可避免地存在着竞争，企业在建立和选择分销渠道模式时，要充分考虑竞争的强度，既能鼓励渠道成员之间的有益竞争，又能积极引导渠道成员的合作。加强渠道成员的沟通，协调其冲突，努力使各条渠道有序运行，企业才能实现既定目标。

6. 覆盖适度的原则

运输企业在选择分销渠道模式时仅考虑加快流通速度，降低费用是不够的，还应考虑是否有足够的市场覆盖率以支持针对目标市场的销售任务。不能一味只强调降低分销成本，这样可能会导致销售量下降，市场覆盖率不足的后果。成本的降低应是规模效应和速度效应的结果。在分销渠道模式的选择中，也应避免过度分布、范围过宽，以免造成沟通和服务的困难，导致无法控制和管理目标市场。

7. 稳定可控的原则

企业的分销渠道模式一经确定便需花费相当大的人力、物力、财力去建立和巩固，整个过程往往是复杂而缓慢的。所以企业一般轻易不会更换渠道模式及渠道成员。只有保持渠道的相对稳定，才能进一步提高渠道的效益。畅通有序、覆盖适度是分销渠道稳固的基础。

三、中间商的类型及选择

1. 中间商的概念

中间商是指介于生产者和消费者之间，专门从事商品由生产领域向消费领域转移业务的经济组织。中间商的广泛分布能使企业的产品销售达到其自行销售所不可能达到的广度和深度；中间商对企业产品的大批收购能使生产企业及时回收资金，加速资金的周转；中间商的调剂和组配使企业产品同消费需求取得一致，使企业迅速找到自己的销售对象。

2. 中间商的类型

在实际分销活动中，中间商的类型是多种多样的，但大部分可分为经销商和代理商两大类型。经销商是指将商品买进以后再卖出的中间商，代理商则是指受生产者委托代理销售业务的中间商。

1）经销商

经销商是中间商的主要形式。大多数生产企业在其分销活动中都愿意将产品一次性地卖给经销商，这样就可以迅速回收资金，投入再生产，同时也可将市场风险完全转移给经销商。经销商有两种基本形式，即批发商和零售商，这是根据他们在商品流通过程中地位和作用的不同而划分的。批发商是指大批购进商品再售予客户，让其用于转卖或生产性消费，以赚取购销差价为经济目的的中间商。批发商具有一次性大批购进同类产品及进行储存、组配、运输和资金融通等功能，所以其是生产企业在分销活动中最重要的渠道成员之一。零售商是指成批购进商品再转售给顾客做生活消费或其他的生产性消费之用，以赚取购销差价为经济目的的中间商。零售商是直接面对广大消费者的，所以零售商的组织形式往往同消费者购买行为相适应。

由此可见，批发商和零售商虽然都是中间商，但其性质不同，不可混为一谈。两者之间的主要区别可概括为以下几点。

（1）服务对象不同：批发商以转卖者和生产者为服务对象，零售商以最终消费者（个人或组织）为服务对象。

（2）在流通过程中所处地位不同：批发商处于流通过程的起点和中间环节，在批发交易结束后，商品流通并未结束或商品进入生产领域；零售商处于流通过程的终点，在商品售出后就离开流通领域而进入消费领域。

（3）交易数量和频率不同：因为批发是供转卖和加工生产的买卖活动，所以批发交易一般属于数量大、频率低的资金密集型行业；而零售则一般是零星交易，交易频率很高，基本属于劳动密集型行业。

（4）营业网点的设置不同：批发商网点少但市场覆盖面宽，并且一般开设在租金低廉的地段或交通相对便利的地段；零售商网点面向广大消费者，点多面广，一般开设在繁华地区或居民生活区。

以上四点区别，前两点是本质性的，后两点是由前者派生出来的。这些区别决定了批发商和零售商在组织管理与经营策略等方面都各有许多不同的特点，因此铁路运输企业需研究和掌握这些特点，作为决策的依据。

2）代理商

代理商是指对经营的商品不拥有所有权，只是在买卖双方之间起媒介作用，促成交易，从中赚取佣金的中间商。它只是代替生产者来推销产品或帮助其购买商品，也提供一些服务，如运输、仓储、市场调研等。代理商一般都是专业化的，专门经营某一方面的业务。通过代理商来促成交易与开拓市场，是现代市场营销的一种通用手段，在市场经济发达的国家十分普遍。代理商按其与生产企业业务联系的特点，可分为制造代理商、销售代理商、寄售代理商和经纪商等类型。

3. 中间商选择的条件

如果没有中间商，商品由生产制造厂家直接销售给消费者，工作将非常复杂，而且工作量特别大。对消费者来说，没有中间商也会使购买的时间大大增加。例如，中间商可以同时销售很多厂家的商品，消费者在一个中间商那里就能比较很多厂家的商品，比没有中间商而要跑到各个厂家考察商品要节约大量时间。在选择中间商时需注意以下几点。

1）中间商的市场范围

市场是选择中间商最关键的因素。首先，要考虑预选定的中间商的经营范围所包括的地区与产品的预计销售地区是否一致；其次，中间商的销售对象是否是生产商所希望的潜在顾客。因为生产商都希望中间商能打入自己已确定的目标市场，并最终说服消费者购买自己的产品。

2）中间商的产品政策

中间商承销的产品种类及其组合情况是中间商产品政策的具体体现。选择时既要看中间商有多少“产品线”（即供应来源），又要看各种经销产品的组合关系，是竞争产品还是促销产品。一般认为应该避免选用经销竞争产品的中间商，即中间商经销的产品与本企业的产品是同类产品。但是如果产品竞争优势明显，就可以选择出售竞争产品的中间商，因为顾客会在对不同生产企业的产品作客观比较后，决定购买有竞争力的产品。

3）中间商的产品知识

许多中间商被规模巨大，手握名牌产品的生产商选中，往往是因为它们对销售某种产品有专门的经验，选择对产品销售有专门经验的中间商就会很快地打开销路，因此生产企业应根据产品的特征选择有经验的中间商。

4）预期合作程度

中间商与生产企业合作得好，会积极主动地推销企业的产品，对双方都有益处。有些中间商希望生产企业也参与促销，扩大市场需求，并相信这样会获得更高的利润。生产企业应根据产品销售的需要确定与中间商合作的具体方式，然后再选择最理想的中间商。

5）中间商的财务状况及管理水平

中间商能否按时结算包括在必要时预付货款，取决于其财力的大小。企业销售管理是否规范、高效，关系着中间商营销的成败，而这些都与生产企业的发展休戚相关，因此这两方面的条件也必须考虑。

6）中间商的促销政策和技术

采用何种方式推销商品及运用选定的促销手段的能力直接影响销售规模。有些产品广告促销比较合适，而有些产品则适合通过销售人员推销；有的产品需要有效的储存，有的则应快速运输。要考虑中间商是否愿意承担一定的促销费用及有没有必要的物质、技术基础和相应的人才。选择中间商前必须对其所能完成某种产品销售的市场分销政策和技术能力作全面评价。

7）中间商的综合服务能力

有些产品需要中间商向顾客提供售后服务，有些在销售中要提供技术指导或财务帮助（如赊购或分期付款），有些产品还需要专门的运输存储设备。合适的中间商所能提供的综合服务项目与服务能力应与企业产品销售所需要的服务要求相一致。

第二节 铁路运输分销渠道策略

铁路运输企业在选择运输代理时，必须明确代理商应具备的条件和特点。铁路运输企业可以综合考评代理商的开业年限、业务范围、设备情况、盈利及发展情况、财务支付能力、协作愿望、经营管理水平和信誉、业务人员的素质和协作态度等。

一、铁路运输分销渠道的管理

1. 激励铁路运输代理商

铁路运输代理商是独立的经济实体，他们一方面是旅客和货主的采购者与代言人，另一方面又和两种以上的运输企业保持着联系，有权选择各种运输方式。因此，铁路运输企业通过合同规定与代理商合作的同时，还要不断地给代理商以激励，使其能为铁路运输企业吸引更多的客源和货源。

1）利用有效手段激励代理商

激励代理商的基本方法是了解代理商的需要和愿望，并据此采取有效的激励手段。激励手段一般可用正激励、负激励和分享管理权等方式。

应该注意的是，运输企业激励代理商要适度，应以能增加渠道利润为原则，如果给予代理商过多的优惠条件，尽管能刺激代理商的销售积极性，但并不一定能获得更高的利润，甚至会造成利润下降，这样就失去了激励的意义。

2）加强与代理商的合作

（1）与代理商建立长期合作关系。由于代理商在客源和货源组织方面有较大优势，因而铁路运输企业应与部分大型代理商结成长期合作的关系。铁路运输企业要认真研究销售区域、市场开发、行业规范、服务水平、市场信息等方面与代理商之间的相互要求，然后根据实际情况与代理商共同制定有关政策，并按照代理商执行这些政策的程度确定奖励方案，给代理商以适当奖励。

（2）提供适销对路的商品。运输代理商在选择运输方式之前，要综合考虑运输企业的服务水平是否能满足需求。例如，在时间上能否满足客户需求，价格是否合理等，因此，铁路运输企业要根据运输市场的需求，提供适销对路的商品来满足客户的需求。

（3）开展促销活动。铁路运输企业应开展促销活动，利用各种广告媒体来推销自己的产品，这样会使代理商的代理量增加，获得更多的代理报酬，从而增进双方的密切合作。

（4）合理分配利润。铁路运输企业要充分利用定价策略，根据代理商的客源和货源组织情况、任务完成情况等对其进行综合评价，以此作为双方利润分配的标准。

（5）资金支持。对于信誉较好、完成任务量大的代理商，铁路运输企业可以考虑在付款期限、付款方式等方面给予一定的优惠，确保双方良好的合作关系。

2. 渠道成员绩效评估

对代理商绩效评估主要包括对以下七个因素的评价：销售业绩、财务绩效、竞争能力、应变能力、忠诚度、销售增长和顾客满意度。

（1）销售业绩。其评估指标是代理商上一年度销售量和实现的市场份额，企业产品在其所经营产品中的比率，主要考察代理商是否完成上一年度的销售目标，其市场地位如何，市场渗透度有多高。

（2）财务绩效。其主要评估指标是企业的经营利润，主要考察企业为代理商服务付出的成本费用和代理商为企业带来的收益是否合理。

（3）竞争能力。其主要评估代理商的经营技能和营销能力，是否拥有强有力的销售队伍。

（4）应变能力。其考察代理商对市场的发展趋势是否有充分认识，在市场领域内对企业的产品和服务的营销是否具有较强的创新能力，能否积极迎接相关挑战。

（5）忠诚度。其考察代理商是否遵守与企业达成协议中所包含的条款，是否遵从企业各项工作程序，是否积极参与企业组织的各种活动。

（6）销售增长。其主要考察代理商是否已经成为或很快成为企业效益的主要来源。

（7）顾客满意度。其主要考察是否从顾客处收到针对该代理商的投诉，代理商的工作是否使顾客满意，代理商是否为顾客提供了良好的服务。

对这七个因素的评价通常采取两类方法，一类测算方法是以财务分析和数量分析为特征的定量分析，如销售额、经营利润等；另一类测算方法是定性分析，它是从行为方面考虑，如分析中间商竞争能力和适应能力等。

3. 调整铁路运输分销渠道

为适应铁路运输市场环境的变化，现有分销渠道方案在经过一段时间运作后往往需要加以修改和调整。促使铁路运输企业调整分销渠道方案的主要原因是运输消费者购买方式的变化，市场的扩大或缩小，新分销渠道的出现等。另外，现有渠道结构通常不可能总在既定的成本下带来最高效的产出，随着渠道成本的递增，也需要对原有的渠道结构加以调整。铁路运输企业调整分销渠道有以下三种方式。

1）增减某一分销渠道成员

在增减某一分销渠道成员时，需要进行经济增量分析，即分析增加或减少某个代理商将会对企业利润带来何种影响及影响程度如何。铁路运输企业如果决定增加运输代理商，则不仅要考虑这样做将带来多大的直接利益（运量的增加额），而且要考虑对其他代理商的经营会产生什么影响等问题。

2）增减某一分销渠道

当同一渠道增减个别代理商不能解决问题时，运输企业就应考虑采取增减某一条分销渠道。如当铁路春运时，在大中专院校集中的城市，学生票的发售量很大，为了方便学生购票，铁路部门可以考虑在学校附近设立学生票代理处，这就需要临时增加一条分销渠道。做出这样的决定，也需要广泛地对可能带来的直接、间接影响及效益做系统分析。

3）改进分销渠道方案

改进分销渠道方案是对运输企业现有的分销渠道方案进行通盘调整。这类调整难度最大，因为它不是对原有分销渠道进行修修补补，而是要全面调整企业的分销渠道决策。例如，铁路运输企业从直销方式调整为实行运输代理方式，调整整个分销渠道，这会对企业整体市场营销组合策略产生深远影响，所以应该慎重决策。

在上述调整方法中，第一种属于结构性调整，立足于增加或减少原有渠道的某些成员；后两种属于功能性调整，立足于将一条或多条渠道的工作在渠道成员中重新分配。企业现有的分销渠道是否需要调整及调整到什么程度，取决于分销渠道是否处于平衡状态。如果矛盾突出，通过调整能解决一定的矛盾并增加获利机会，就应当果断进行调整。

4. 分销渠道冲突的管理

1）分销渠道冲突的含义

运输企业分销渠道是一个复杂的营销系统，这一系统中的各运输商、代理商等成员在运输生产过程中所处的地位不同，其目标和任务往往存在各种各样的矛盾。例如，运输企业可能会通过各种优惠条件追求稳定的货源，而中间商往往会通过高价来追求更大的利润。因此，当渠道成员对交易条件等问题意见不一致时，必然会产生冲突。这种利益分配关系产生的冲突范围和表现方式有所不同。

一般地，渠道冲突主要有两种类型，即垂直渠道冲突和水平渠道冲突。垂直渠道冲突是同一营销系统内不同渠道层次的各企业间的利益冲突。一种营销策略方面的变化，如降低运价水平，会和其他运输方式发生冲突，货主与运输公司之间因价格、服务等而发生冲突。渠道管理者对于垂直渠道冲突应该加以引导，使各方都能受益，具体方法包括强化系统内的管理职能，增强渠道成员之间的信任感，理顺成员之间的信息传递和反馈渠道，消除成员之间可能存在的冲突。

水平渠道冲突是指同一营销系统内同一层次的各企业之间的冲突。例如，某运输企业会抱怨另一运输企业随意降低运价，增加或减少服务项目，扰乱运输市场秩序；或者运输企业服务不佳，损害了在客户中的形象，招致代理商的不满而引起冲突。渠道管理者针对这种冲突应该采取强有力的措施来消除这些冲突，以免影响和损害运输分销渠道的形象。

2）分销渠道冲突的管理方法

铁路运输分销渠道冲突有些是结构性的，需要通过调整分销渠道的方法来解决；有些则是功能性的，可以通过管理手段来加以控制。分销渠道冲突管理的主要方法有以下几种。

(1) 确立和强化共同目标。不管职能有何差异，分销渠道成员都有其共同目标，比如企业生存、市场份额、产品的质量、消费者满意程度等。特别是在受到外部竞争威胁时，分销渠道成员会更加深刻地体会到实现这些共同目标的重要性。铁路运输企业要有意识地激发中间商的共同目标意识，引导他们密切合作，战胜威胁，追求共同的最终目标价值。

(2) 人员互换。对于横向渠道冲突，在两个渠道层次上实行人员互换是有效的处理办法。比如，企业的管理人员可以派驻到代理商处工作，而代理商的管理人员也可以在企业的营销部门工作，通过这种人员互换，能让交换的人员接触对方的工作和观点，便于在相互了解的基础上处理冲突。

(3) 合作。合作是指一个组织为赢得另一个组织的支持所做的努力，包括邀请对方参加咨询会议、内部决策会等，使他们感到其建议受到重视；表示合作诚意，愿意根据对方意见合理修订本方政策，以有效减少冲突等。

(4) 发挥行业组织的作用，加强营销渠道成员之间的业务沟通。可以定期组织开展运输代理业务培训会、专题研讨会，对运输代理工作中的一些难以解决的问题广泛交换意见，促进各方做好工作。

当冲突经常发生或冲突激烈时，有关各方可以采取谈判、调解和仲裁的方法，依照法律程序解决冲突，以保证继续合作，避免冲突升级。

3）分销渠道的竞争

分销渠道的竞争是指不同系统之间或同一系统内不同运输企业为了同一目标市场而展开的竞争。一般来说，如果某种运输方式或运输企业在同一地区内享有很高的服务信誉，能够控制市场需求信息，那么在竞争中就能处于有利地位。渠道之间的竞争对于消费者来说十分有利，因为消费者可以在运输价格、运输时间、服务水平等方面做多方比较后，再选择采用什么样的运输方式或选择哪一家运输企业。

4）分销渠道的合作

分销渠道的合作是指同一分销渠道中不同运输企业之间的相互结合与依赖，是渠道成员之间的常见行为。合作的目的是谋取各方共同利益。各种运输企业，代理商之间要互通信息，以便实现各自的目标。合作意味着各方共同努力去获取比单独经营更高的经济效益，避免各自损伤，这是各方合作的基础，也是解决各种冲突的基本方法。

二、铁路客运分销渠道策略

1. 客票销售网络策略

客票销售网络是由多个客票销售点构成的网状覆盖。制定客票销售网络策略的目的是使客票销售的覆盖面更大，离购票者更近，以便最大限度地多售票，减少票额浪费。

（1）客票销售网络策略要解决的是销售网的覆盖面问题。这就要考虑在什么范围，有购票需求，以铁路企业的销售能力能够辐射多大范围等问题。过去，铁路客票销售的覆盖区域是客运站周围，在没有客运站的地区，旅客购票很难。特别是从这个地区购买另外一个地区客运站的车票就更难了。铁路运输企业要想扩大售票额，占有更大客运市场，方便旅客购票，客票销售的覆盖区域必须扩大。不仅在客运站附近地区，而且在更大范围内都要建立售票点。在远离客运站或没有客运站的地区还要开展“无轨售票”。通过电话订票、网络售票等方式，使异地售票成为可能。目前，网络售票已大范围普及，此类问题得到了根本性的解决。

（2）客票销售网络策略要解决销售网点的密度问题。旅客购票都有求近、求便需求。可以说，销售网点越密，离旅客动身地越近，旅客越满意，购买的可能性也越大。当然，出于经济上的考虑，并不是越密越好，还有一个适度的问题。过去，铁路客票销售网点过于稀疏，甚至一个城市只有一个售票处，大城市中的售票处也不多，旅客常常要跑很远的路，花很长的时间才能买到车票，这不利于铁路企业参与市场竞争。近年来，网络售票已从根本上解决了这一问题。

（3）客票销售网络策略要解决设立什么样的售票点的问题。铁路客票销售有两种形式：一是直销，由铁路运输企业自己出资设立售票点、直营的12306售票网站及12306手机App进行客票销售（即客运站和各地设立的售票处、候车室及站台设立的应急售票窗口、在列车上售票及流动售票车、各种网络售票途径等）。这些售票形式是铁路客票销售的重要形式，其优点是便于企业管理。二是间接售票，即实行客票销售代理制，铁路部门授权车票代售处，委托银行、大型商场、高级宾馆等代售铁路客票。其优点是投资少或不投资就可以迅速增加售票网点，并可节省日常开支；另外，代售铁路客票对代售者也有利，可助其聚人气，扩大营业范围，同时获取代理费。此方式的不足之处是渠道的管理难度较大，代理商受利益的驱使，可能多收代理费，加重旅客的经济负担；也可能不顾铁路部门规定，把大量的票卖给票贩子。所以，铁路运输企业一定要选好代理商，要与经营作风好、信誉高的代理商合作；还要严格执行客票代理制度，明确双方的权利和义务，明确违约责任，明确代理关系的终止和废除条件，对屡次严重违约不改的，要坚决终止其代理权。

知识拓展

全国首个高铁无轨站开通

高铁无轨站是国铁集团认定的公铁联运新模式，是指在没有高铁线路经过的城市，设置具有购票、取票、候车、物流等功能的铁路站点，通过开通专线大巴与就近的高铁站无缝对接，实现公路与铁路零距离换乘，让边远地区的旅客快捷出行。它与一般的火车票售票点的区别是有专线大巴接送。

2016 年 12 月 19 日，全国首个高铁无轨站在广西凌云县正式启用，这是广西探索高铁扶贫的新模式。通过高铁与大巴的无缝衔接，凌云成为全国首个没有高铁线路经过却成功融入高铁路网的县，而凌云县人民前往南宁也将更为便捷，4 h 即可到达。凌云高铁无轨站的开通运营，使广西凌云、乐业两个县近 40 万人口受益。出行通道的畅通，既便利了百姓出行，也进一步增强了凌云对旅游、商务客流的吸引力，促进当地居民在家门口就业，早日实现脱贫致富。

2. 客票销售方式策略

客票销售方式关系到客票能否顺利的售出，制定客票销售方式策略要努力使客票销售更容易让旅客接受，更有利于市场竞争。具体的铁路客票销售方式策略主要有以下几种。

1）定点售票策略

定点售票是指在客票销售处或代售处开展售票业务。

（1）多开售票窗口，延长售票时间，实行 24 h 不间断售票，以便使旅客随时可以买到票，减少等候时间，减轻旅客排长队的烦恼。

（2）实行计算机售票和计算机联网售票。实行计算机售票，可提高售票的速度；可不分窗口购票，在一台计算机上能出售任一方向、任一到站的票，实现一处有票，处处有票。旅客在互联网上也能买到车票，这使异地售票变得轻而易举。旅客在本地就可买到从其他地区上车的车票，这在铁路客票销售上是一个革命性的进步。

（3）对团体购票特殊照顾。为吸引旅客多购票，一次订票 10 张以上的，可不在窗口排队，在客票营销中心建立洽谈区，旅客可以坐在沙发上，边喝茶边与营销员办理手续。

2）流动售票策略

流动售票是推出流动售票车，派出人员到客流较大的市场、军营、厂矿、学校、宾馆或大型活动的会场售票。其特点是机动性强，可以主动地根据客流情况去选择售票地点，积极地抢夺客运市场。另外，实行电话订票、网上订票且送票上门，可以使旅客订票更方便。

3）客票品种多样化策略

旅客的旅行特点是不同的，实行客票品种多样化，可使不同旅行特点的旅客各购所需。如向短时间内进行往返旅行的旅客发售往返票，可使其减少一次购票过程；向在不同时期而同一区间多次旅行的旅客发售月票、季票、年票；向通勤旅客发售市郊通勤票；向利用不同运输方式连续旅行的旅客发售联程票，都会令旅客感到方便。例如，在柳州—桂林间还发售了一种特价通用车票，旅客只花 20 元钱就可在该区间任选当日南宁局开行的特快、直快、优质优价车、普通车来乘坐，这样大大方便了旅客出行。

4）付款方式多样化策略

对于旅客来说，不同的付款方式会有不同的便利感，随着时代的发展，单一现金付款方式已不适合广大旅客的要求了，现已开通多种付款方式购票，如用信用卡购票、支付宝购票等。

5）改善服务策略

铁路客运营销渠道是否畅通，还与售票处的服务设施与服务态度息息相关。售票处卫生整洁，可以为旅客购票创造良好的购票环境；售票处秩序井然，有人维持治安，制止犯罪，实行“一米线购票”制度，旅客会有安全感；售票处服务设施齐备，有列车时刻表与客票价格表、票额公布板，有专门的咨询人员，旅客会感到更方便，要提高售票人员的售票技能并不断提升服务态度。

三、铁路货运分销渠道策略

铁路货运产品的销售以承运为标志，铁路货运分销渠道是指铁路在什么样的网络中以怎样的方式承运货物。其策略主要分为货运营销网络策略和货运办理方式策略。

1. 铁路货运营销网络策略

铁路货源是分散在各个地方的，要把这些分散的货源吸引、组织到铁路货运站，装车发运，需要一定的网络，这个网络是由无数个铁路货运营业处或货运代办处构成的，各个货运营业处或货运代办处都有一定的辐射面，它们连在一起，便构成了对可运货源的网状覆盖。

1）要使覆盖面尽可能大

覆盖目标货源范围包括货运站所在地区，也包括没有货运站的地区。在没有货运站的地区开设货运营业处或货运代办处叫作无轨货场。无轨货场是在当地组织货源，然后集中到货运站发运，开设无轨货场，使铁路货运的辐射区扩大了许多，新增了许多货源。

2）要使覆盖尽可能准

凡是有货源的地方，特别是有大宗货源的地方都要能够覆盖，不能遗漏，对新增货源增长点，要及时补位，否则，就会被其他运输方式占领。

3）合理设计营销网点的密度

铁路货运的营销网点要密一些，过去铁路货运的营销网点过于稀少，以至于货主发货要走较远的路，很不方便。如果有其他运输方式的营销网点离他们近，他们就很可能舍远求近了。合理的密度要根据营销网点的辐射半径来设计，要针对竞争对手营销网点的密度来设计，营销网点的布局要尽可能地均匀分布，不要在某个区域有较大的空档。

4）建立动态的营销网络

货源的地点不都是固定的，有时因为某种特殊的原因，某个集市、厂矿、乡镇会出现大规模新增货源，而铁路原有的货运网点又距其较远，鞭长莫及。这时应组成临时货运营销小组，上门服务，或派出货运员，进驻到该地组织货源。否则，货源有可能被其他运输方式抢占。

5）确定铁路货运是自办营销网点还是实行代理制

自办的货场、货运办事处虽然投资大一些，但规模大、便于管理、手续费由自己获得，这是铁路货运最重要的分销渠道形式。特别是车站货场，在大宗货源的组织中更要发挥主渠道的作用。推行代理制，开设货运代办处，可在不投入或少投入的情况下迅速多建货运分销网点，扩大分销渠道的覆盖面，但是，开设代办处要审慎选择代理商，要对代理商的资质、信誉、地理位置多加考察，还要加强日常监督检查，对于经营作风不好，代办业务时乱收费、乱加费的行为坚决制止，严重的要取消其代理资格。选错代理商会伤害货主的利益，损害铁路运输企业的形象。

6）划分辐射范围

铁路货运各分销网点之间要划分辐射范围，最好不要自己跟自己竞争，互抢货源。如果为了争抢货源而竞相让利给货主，损失的还是铁路运输企业。

2. 铁路货运办理方式策略

货运办理方式是指铁路运输企业如何承运货物、办理手续、接待托运人。这关系到铁路货运分销渠道能否畅通，货主是否愿意到铁路来发货。在货运办理方式上主要由以下策略。

1）简化手续策略

弃繁求简是货主发货的基本需求，货主也主要是本着这个需求来选择运输方式的，但手续复杂又是铁路货运长期存在的一大弊端。由于“铁老大”观念作怪，铁路运输企业过去多从自身管理的需要出发，从自身的方便出发来规定托运程序。

铁路运输企业自开展市场营销以来，逐步转变为从货主的需求出发，从竞争的需要出发来制定必要的托运程序，简化办理手续，努力使“关卡”变通途，赢得货主的信任。比如在货运计划审批程序上简化，下放审批权限，压缩审批时间。上级下发的货运计划只是一定时期内各个地区、方向的允许货运量，具体承运单位可在此限额内随时受理、随时审批，突破此限额的也可协调解决。这样，托运人就可以就近、随时到各承运点提报任何期限、方向、到站的要车申请，并可很快装运、启程，减少“到处跑，长期等”的烦恼。

简化办理手续的重要措施之一是实行一体化经营、整体报价。托运人在一个窗口填写一张票据，交一次费用，即可办完所有手续。铁路内部各单位的清算在办完手续后进行，与托运人无关，票据的复制也由铁路运输企业派人来做。至于交付货物的通道和环节，铁路运输企业也要精心设计，力求通道最短、最便捷，环节最少、最合理，实行一条龙服务。要努力做到能由铁路人办的，尽量不要麻烦托运人，提倡“宁可自己麻烦千遍，不让货主有一时不便”的精神。

2）完善服务设施策略

货主到铁路运输企业发货，需要利用一些服务设施，铁路运输企业没有配备这些设施或这些设施的状态不好，都会让货主感到不便、不满。

（1）在货运营业室设触摸屏查询系统，配置复印机、传真机。

（2）开辟货主等候、休息区，配备沙发、空调，免费为货主提供茶水、电视、报刊等。

（3）开通货运咨询“热线电话”，货主只需拨通电话，就可以了解有关货运的全部信息，把货运信息引入互联网，使货主随心所欲地了解有关情况。

（4）成立汽车运输队，为货主取送货物提供方便，扩大仓储能力，为货主提供仓储服务等。总之，服务设施越完善，货主就会感到越方便、越满意，铁路运输企业就会有充足的货源。

3）改进办理方式策略

铁路运输企业在货运办理方式上要有根本性的变化，以符合市场营销的要求。

（1）变“货主跟着货运计划跑”为“货运计划为货主服务”。敞开货运窗口，把货场改为面向市场的营销窗口，把货运计划改为货物运输服务订单。铁路运输企业把自己的产品和服务标准公开出来，供货主自由选择，货主则根据铁路运输企业所能提供的服务进行选择，并提出自己的要求，从而形成货运服务订单，铁路运输企业再依据货主的订单，制定运输计划，组织运输生产和服务。

（2）变“货主围着货运部门转”为“货运部门围着货主转”，真正体现货主的“上帝”地位。如开展“打个电话就发货”业务，只要货主打个电话，发个信函，铁路运输企业就派出人员，上门办理货运的一切手续，使货主“人在家中坐，能运全国货”。开展“全程运输代理”业务，铁路运输企业根据托运人的要求，按其指定的发站、到站、装卸及其他运输服务的要求，全程代理货物运输的一切手续及取送业务。

（3）变消极坐等为积极争取。为了让货主到铁路运输企业发货，铁路运输企业应积极设法吸引货主，如变封闭式柜台受理方式为面对面商务洽谈方式，可让货主有平等感、亲切感；开通“绿色通道”，对有紧急需求的货主实行优先服务、优先受理、优先挂运；对运大宗货物的货主，则请进专设的“大客户室”，让其在有空调、电视、报刊、无线网络、茶水、沙发的环境中休息，手续则由货运员代为办理，以争取大的客户，保住大宗货源。

4）改变服务态度

货运办理员的服务态度也是影响货主到铁路运输企业发货的重要因素。货运办理人员粗暴地对待货主，野蛮地、破坏式地对待货物，货主只好另外选择运输方式，这样只能损害铁路运输企业在货主心目中的形象。

实训分析

项目实训：铁路运输分销渠道策略分析

【实训目标】

（1）学会分销渠道的设计方法；
（2）熟练运用铁路运输分销渠道的策略；
（3）通过市场调查，分析、比较不同运输企业分销渠道管理的特点。

【实训内容与要求】

（1）全班同学自由组合成若干个学习小组，各学习小组通过课堂学习，对相关概念建立较深的认识。

（2）各学习小组制作 PPT，讲解铁路运输渠道设计过程，并展示渠道图。

【实训成果与检测】

教师根据各小组分销渠道设计的合理性及各小组成员的团队协作情况、语言表达情况进行评估、打分。

第七章 铁路运输促销策略

案例导入

老白的“推销经”

老白是沈阳铁路局通辽车务段木里图站的货运组织员，中等身材，黑黑壮壮的，笑起来让人感觉特别和善。短短几个月，老白共组织装车600车，为增运增收工作做出了突出贡献。

（1）主动出击法。老白充分利用互联网和人脉网络，四处寻找新货源。当听说通辽梅花生物科技有限公司在木里图镇生产味精、复合肥等产品时，他主动上门走访，积极营销宣传，为车站创收近300万元。

（2）效率优先法。老白将调查走访得到的货源信息都记在小本子上，对远程高费率货源、运输方向不受限制货源优先组织，努力提高运输效益与效率。

（3）算账对比法。对不了解铁路货运的企业货主，老白拿出纸和笔，一项一项地帮货主算运费账，宣传铁路运输的经济和安全优势，从而广揽货源。

（4）感情沟通法。老白定期组织召开站企座谈会或联谊会，征求企业货主意见，介绍铁路最新信息。老白诚实守信重感情，定期走访老货主，并通过老货主结识新货主，不断挖掘新货源。

（5）优质服务法。老白认真组织班组货运员帮助货主填记订单，到站台接货。老白还亲自驱车到企业开支票、取现金，有时还自己为企业垫付运杂费。一位经常与老白打交道的货主深有感触地说：“木里图站人好，服务优。只要有货物运输需求，我们保证优先在铁路发货。”

在竞争日益激烈的今天，铁路运输企业为了更好地开展市场营销活动，就必须采用各种促销手段，铁路运输市场促销策略是铁路运输市场营销的有效手段。

第一节　促销策略概述

一、运输企业促销的概念

“促销”一词来源于拉丁语，原意是“向前行动”，即要促使顾客由观望、犹豫，向前一步，采取购买行动。运输企业促销是指运输企业把产品和提供服务的信息，通过各种方式传递给顾客，促进其了解、信赖并购买本企业的产品，以扩大产品销售的企业经营活动，其本质就是企业与顾客之间的信息沟通。企业通过促销与目标顾客取得有效的信息沟通和联系。由于信息沟通具有双向性，因此，促销活动就是不同信息的双向传递运动。具体来说，一方面，企业向市场传递企业产品或劳务的性能、特性、价格等信息，使消费者充分了解、判断和选择；另一方面，消费者的需要、爱好，市场的实际情况又反馈给企业，促使企业根据市场需求调整生产。因此，促销活动的任务、手段、方法都反映了信息传递这一客观事实，信息传递是促销活动的基础。

运输企业促销就是运输企业运用各种促销工具，向目标顾客提供有关运输产品的信息或树立本企业的形象，说服目标顾客做出购买行为或影响目标顾客购买态度而进行的市场营销活动。这种营销活动往往采取说明、鼓动的方式，它是建立运输企业与外部环境之间良好关系的重要手段之一，也使目标市场上的顾客知道他们可以在合适的地点支付合理的价格购买到合适的运输产品和服务的手段，还能促使客户反复购买。

产品促销对运输企业来讲，就是运用各种促销手段和方法，向目标顾客提供有关运输服务的价格、质量、运送速度等信息，帮助顾客认识运输劳务所能带来的利益，从而引起顾客对运输劳务的注意和兴趣，促进购买，以达到吸引客户、增加运输产品销量为目的的企业经营活动。

二、运输企业促销的作用

促销活动是整个市场营销活动的组成部分，其主要作用如下。

（1）提供信息情报，这是销售成功的前提条件。在产品正式进入市场之前，企业必须把有关产品的信息传递到目标市场的消费者、中间商那里，使消费者注意到这种产品，而中间商也可以知道怎样购进这种产品，因此，促销是销售成功的前提条件。

（2）引起购买欲望，扩大产品需求。需求是有弹性的，有效的促销活动不仅可以诱导和激发需求，而且在一定的条件下可以创造需求，从而使市场需求朝着有利于企业产品销售的方向发展。当企业经营的商品处于低需求时，促销可以扩大需求；当需求处于潜伏状态时，促销可以起催化作用，以实现需求；当需求波动时，促销可以起导向作用，平衡需求；当需求衰退、销售呈下降趋势时，促销可以使需求得到一定程度的恢复。

（3）突出产品的特点，建立产品形象。促销是企业进行市场竞争的一项重要手段，在竞争激烈的市场环境下，消费者很难辨别或察觉同类产品的细微差别。这时，企业就可以进行促销活动，宣传本企业产品与同类产品的不同特点及给消费者带来的特殊利益，在市场上建立起本企业产品的良好形象。

（4）维持和扩大企业的市场份额。在许多情况下，企业销售额可能出现波动，这将不利于稳定企业的市场地位。这时，企业可以有针对性地开展各种促销活动，使更多的消费者了解、熟悉和信任本企业的产品，从而稳定和扩大企业的市场份额，巩固市场地位。

三、运输企业促销的方式

促销就是运输企业与客户沟通的一个过程。沟通是运输企业与顾客之间的互动“对话”，这种“对话”发生在销售之前、销售过程中、消费过程中及消费后的各个阶段。运输企业不仅要思考“我们怎样才能接触客户”，还要思考“客户怎样才能接触我们”这一问题。

由于科学技术迅猛发展，如今人们不仅可以通过传统的媒介（如报纸、广播、电视、电话等）进行沟通，而且可以使用一些比较新的媒介形式（如移动电话、互联网等）。通过不断降低通信成本，这些新技术已经能够支持越来越多的运输企业从传统的大众沟通媒介转向更有针对性的，乃至一对一的沟通。

运输企业可以利用的促销方式与手段并非只有一种，随着运输业的发展及市场竞争的激化，运输企业在促销中可以使用的促销方式很多，按照运输信息传递的载体是人力还是非人力，运输企业促销可以分为两种类型、四种方式，运输企业促销的方式如图 7－1 所示。

促销方式
- 人员推销
- 非人员推销
  - 广告
  - 营业推广
  - 公共关系

图 7－1　运输企业促销的方式

1. 人员推销

人员推销是指运输企业派出营销人员向顾客或潜在顾客面对面地介绍本企业的产品或服务，以揽取更多的客源、货源。在人员推销的过程中，有关人员向顾客传递产品和服务信息，介绍有关知识，尽最大可能唤起顾客的关注和兴趣，以促使顾客购买。人员推销具有以下两个显著特点。

1）直接性

运输企业揽货（客）人员可以与顾客进行面对面的信息传递，通过观察顾客的态度、表情可了解顾客的真实需求，以便及时调整营销策略。

2）稳定性

通过人员推销，揽客（货）人员与顾客建立了良好的感情，增进了友谊，有利于企业与顾客建立长期且稳定的业务联系。人员推销是运输企业促销活动中最重要的一种推销方式。

由于人员推销传递信息准确、针对性强，能够解决客户的实际问题，能快速有效地促成交易，而且借助营销人员的个人形象还可以在顾客中树立企业形象，因此人员推销在运输企业中是一种极为有效的促销手段，经常为运输企业所采用。人员推销也存在不足之处，如推销范围不可能太大，往往只能有选择地进行试点性推销，而且人员推销的成本比较高，最重要的是这种促销方式对从事该项工作的营销人员素质要求很高，而高素质的营销人员不易培养，以上这些都限制了运输企业人员推销策略的有效发挥。

2. 广告

广告从字面上理解即“广而告之”。促销广告是一种单向沟通，旨在把广告主（做广告的企业）的信息传递给大众，在传播的过程中不借助人员，而是借助于各种媒体，通过媒体传播起到唤起、强化、维系或改变顾客需要的作用。为了达到这一目标，广告主需要向媒体支付一定的费用。

运输广告是指运输企业通过大众媒体，如杂志、报纸、广告牌、电视、网络等媒介，以付费的方式将运输信息传递给顾客的一种促销方式。

广告不需要与顾客进行面对面的信息沟通，因此也不会对顾客产生心理压力。广告有利于建立企业的长期形象，促进顾客和公众对企业及服务的认识；同时，也能提高企业的知名度，促进销售。在运输产品四种促销方式中，广告是仅次于人员推销的一种重要的促销方式。

3. 营业推广

营业推广是以促进产品或服务的交易活动为目的的短期激励行为。营业推广有一整套工具，包括优惠券、竞赛、奖励等，这些工具能够吸引客户的注意力，提供可以诱使客户购买产品的信息；它们还能通过提供给客户额外利益来刺激购买，快速地起到促销的作用。运输企业营业推广指在短期内采用优惠运价、高回扣等促销方式刺激运输需求、吸引客户的促销方式。这种促销方式最显著的特点是产生短期效果。各种形式的营业推广往往是为了迅速增加运量而采用的，而且持续时间往往较短；如果经常使用，反而失去顾客的信任。

广告的宣传方式是“买我们的产品”，而营业推广则是“现在就买”。企业用营业推广的方法能够引起迅速而强烈的反应。营业推广可以使产品销售更富戏剧性，可以用来扩大对降价产品的销售；还能通过提供给消费者额外利益来刺激购买，快速地起到促销的作用。

4. 公共关系

公共关系是指企业在营销过程中为使自身与各界公众建立和保持良好关系所进行的有组织的活动过程。公共关系直接影响企业的信誉和顾客对企业的信任程度。精心策划的公共关系活动有利于树立企业形象，吸引客户，因此它是一种重要的营销策略。铁路运输企业搞好公共关系的最终目标也是增加运量，提高铁路运输企业的市场占有率。公共关系与人员推销、广告和营业推广相比较，最显著的特点是，它是一种简洁的促销手段。

公共关系的优点很多。首先，公共关系可信度高。新闻故事、特写和新闻事件对读者来说比广告更真实、可信。其次，公共关系有优于广告和营销人员的优势，因为新闻性的信息比消费指导性的沟通更容易让人接受。最后，像广告一样，公共关系也可以比较戏剧性地展示运输企业及其产品。

铁路运输企业的营销人员很少充分使用公共关系，有的仅把它作为事后补救措施。事实上，精心策划的公共关系活动与其他促销工具的结合使用会非常经济有效。

第二节　铁路运输促销策略

一、铁路运输促销组合策略的影响因素

铁路运输企业需要充分发挥人员推销、广告、营业推广、公共关系的作用，在做好铁路运输企业与顾客双向沟通的前提下，塑造铁路运输企业良好的社会形象，树立极佳的口碑，赢得顾客的认同。

运输促销组合策略是铁路运输企业为了实现特定促销目标，对各种促销方式进行合理选择、有机搭配，使其综合地发挥作用，以优化促销的效果。影响促销组合的几个主要因素如下所述。

1. 促销目标

铁路运输企业促销的总目标包括增加运量和提高市场占有率两个方面。具体目标根据企业促销的总目标来确定，通常具有以下三种类型。

1）*以介绍为目标*

通过信息传递，顾客对本企业的产品有所了解，加深对本企业的认识和了解。此时，

促销组合一般应以广告为主。

2）以揭示和说服为目标

促销的目的是使顾客对本企业的运输服务形成特殊偏好，在选择承运人时优先考虑本企业，此时，促销组合应以人员推销为主，同时配合使用广告等其他促销方式。例如，定期向客户提供最新运价资料，经常拜访客户，等等。

3）以树立企业形象为目标

促销的目的是使顾客对企业提供的运输服务形成一种良好的印象，树立企业的形象。此时，促销组合应以公共关系和良好的顾客服务为重点，并配合使用人员推销的促销方式。

2. 产品的性质和特点

产品的性质和特点影响促销组合决策。如果运输产品比较复杂，则多采用人员推销的方式；如果运输产品比较简单，则多采用广告方式。

3. 顾客和市场特点

不同的顾客类型和市场特点，促销组合策略是不同的。对于相对固定而且拥有较大运量的客户，在制定促销组合策略时应优先考虑人员推销和营业推广促销方式，并辅以必要的运输广告；对于零散的客户，尤其是零散的新客户，应注重树立良好的企业形象和运输信息的宣传，加强广告和公共关系的促销，并辅以人员推销，以吸引更多的顾客。

对于线路腹地较小、客户较集中的地区，应以人员推销方式为主并配合使用其他促销方式；反之，应以广告宣传为主，加强人员推销活动，并辅以其他促销方式。对于不同性质的运输市场，促销组合策略也略有不同，对于货运市场，应以人员推销方式为主，并配合使用其他促销方式；对于客运市场，则应以公共关系和广告为主，并辅以其他促销方式。

4. 销售策略类型

铁路运输企业销售策略主要有“推动”策略和“拉引”策略两种。“推动”策略以各级中间商为主要促销对象，把运输产品通过分销渠道最终推向市场。“拉引”策略则是以直接客户为主要促销对象，使直接客户对本企业的运输服务有兴趣和信心，从而诱导客户使用本企业的产品。根据运输行业的特点，无论是采用“推动”策略还是“拉引”策略，都应坚持以人员推销为主的促销组合。尤其是在运输市场竞争日趋白热化的今天，人员推销往往是决定企业市场营销成败的关键所在，推销人员素质越高，与顾客的联系越密切，掌握的客源、货源越多。

当然，除人员推销以外，运输企业还应当辅以广告、营业推广和公共关系等促销方式。

5. 分销渠道

如果运输企业主要通过代理商来推广产品，则多采用公共关系和广告宣传的方式；如果运输企业主要以直销的方式来推广产品，则较多采用公共关系、人员推销和营业推广的方式。

6. 价格因素

运输产品价格不同，其促销方式也不同。一般来说，高价格的运输产品以广告和人员推销为主要促销方式。

7. 产品生命周期

产品生命周期是影响促销组合的重要因素之一。企业产品在生命周期的不同阶段，其促销方式是不同的，促销效果也相差很大。一般来说，运输企业产品在进入产品生命周期的投入阶段，其促销的目的是使顾客和潜在客户尽快熟悉本企业及其服务范围、服务内容。因此，这一阶段应以广告和人员推销为主要销售方式；当产品已进入当地的运输市场，其生命周期处于成长期阶段时，企业的目标是如何吸引顾客和潜在的客源、货源，力求与顾客建立稳定关系，因而此阶段的促销活动应以人员推销为主，辅以其他促销方式；当市场供过于求，企业竞争趋于白热化，产品生命周期处于成熟阶段时，企业的目标是尽量维持与现有顾客的业务联系，保持企业的市场份额，因而此阶段的促销活动应坚持以人员推销为主的促销方式，并辅以营业推广、广告等促销方式。

二、铁路运输人员推销策略

1. 人员推销基本知识

1）人员推销的特点

人员推销是销售人员运用一定的销售技术与手段，与一个或一个以上可能成为购买者的人交谈，做口头陈述，以推销商品，促进和扩大销售。人员推销具有以下几个特点。

（1）人与人面对面的接触。这是人员推销的最基本的特点，也是人员推销与广告等其他促销工具的主要区别。推销人员可以与顾客直接接触，买卖双方能根据对方的反应在语气、态度、气氛、条件上及时做出调整，有利于磋商的顺利进行。

（2）能有效地发现并接近顾客。因为销售人员与顾客可以进行面对面的接触，所以便于发现目标顾客，并根据目标顾客的特点，及时调整自己的推销策略，采取灵活而有效的劝说方式，提供顾客需要的信息，回答顾客提出的问题，并向顾客提出建议。

（3）密切买卖双方关系。人与人的直接交往有利于买卖双方的沟通、理解和信任，推销人员可帮助顾客解决实际问题，充当顾客的购买顾问，建立良好的人际关系，促成销售。

（4）促进行动。顾客从了解商品信息到决定购买商品有一定的时间跨度，而通过推销员耐心的讲解与劝告，可以促使其尽快做出购买的决定，完成交易。

（5）提供信息情报。人员推销是一种双向的促销方式，在推销过程中，推销人员既代表企业向顾客传递信息，又代表顾客向企业反馈顾客的意见和要求，为企业改进营销计划提供依据。

（6）人员推销具有选择性。人员推销可以选择那些具有较大购买可能性的顾客进行促销，并可事先对潜在顾客做一番研究，制定具体的推销方案，因而推销的成功率较高，无效劳动较少。

（7）人员推销具有完整性。人员推销从寻找顾客开始，到接触、磋商，最后达成交易，推销人员独立承担了整个销售阶段的任务。此外，推销人员还可承担售后服务的职能。

2）人员推销的形式

人员推销主要包括上门推销、柜台推销和会议推销三种形式。

（1）上门推销是指推销人员携带运输产品的有关资料、货物运单或货票等单据走访顾客，推销产品。

（2）柜台推销是指车站的货运员、售票员、客运员等直接与旅客或货主接触，接待旅客或货主，并向其介绍、推荐产品。

（3）会议推销是指企业利用各种会议的形式，如推销会、订货会等，介绍和宣传产品，进行推销。例如，铁路运输企业每年派专人参加全国煤炭行业的订货会议，对达成销售合同的煤炭企业，及时根据其运量安排运输计划。

2. 运输企业人员推销的过程

要提高推销成功率，推销管理人员需要对推销活动过程有一个全面的认识，这样既有利于管理人员对推销活动进行有效的控制，又有利于推销人员的自我管理。推销活动一般可以分为四个过程，即推销准备、访问顾客、处理异议和建议成交。

1）推销准备

推销准备阶段是推销活动的基础，其包含以下三方面的内容。

（1）推销人员的自我准备。推销人员自我准备主要是要树立自信心，确立推销的目标和把握推销的原则。自信心是成功的必要条件，适当的目标可以提高推销的效率，运输企业推销人员在推销中还需要把握既满足顾客需要、照顾顾客利益，又能为企业创利的原则。

（2）把握顾客。在访问顾客之前，推销人员需要尽可能详细地了解顾客的现状和历史，如过去选用的运输方式、运量大小、运输要求、满意程度、存在的问题、过去的合作伙伴等，做到心中有数。

（3）了解本企业能提供的产品。针对即将访问的目标顾客的特点，推销人员掌握本企业可为其提供的相关产品的所有信息，包括到发时间、运输期限、运输条件、办理手续、运输价格等目标顾客关心的信息，以及竞争产品的相关信息。知己知彼是推销准备阶段要达到的总体目标。

2）访问顾客

访问顾客包括拟定访问计划，约见顾客，倾听顾客意见。为了顺利达到访问的目的，推销人员需要制定周密的访问计划，确定访问时间和地点、提前准备好相关资料。推销人员在约见顾客时要争取取得与顾客面谈的机会，可事先通过电话、信函等与顾客取得联系；要注意倾听顾客的意见，明确顾客在运输过程最看中的是什么，是速度、价格、安全还是其他，从而使说服工作具有针对性。

3）处理异议

运输企业的推销人员在上门与顾客联系时可能会碰到两种截然不同的态度：一种是顾客非常欢迎，推销工作进展顺利；另一种是顾客曾在本企业有过不愉快的经历或对本企业抱有成见，态度很不友善。面对顾客的敌对态度，推销人员要耐心地找出症结所在，针对顾客的问题，切实提出解决方案，以诚信打动顾客。

4）建议成交

建议成交是整个推销过程的关键时刻，推销人员要善于捕捉顾客发出的成交信号，利用建议成交的一些技巧，把握成交的机会和分寸，达到签订运输合同的目的。

3. 铁路运输企业推销人员队伍建设

铁路运输企业为了适应市场经济的需要，必须加强推销人员队伍建设。

1）按地区组织推销人员

按地区组织销售人员是一种最简单的推销组织，这种做法是由分派的一个或一组推销人员独立负责一个地区的全部推销工作。这种方法责任明确，有利于鼓励推销人员努力工作，有利于加强与顾客的联系，提高工作效率，并能节省往返旅途费用开支。铁路运输企业可在沿线重要城镇或货源、客流集中地区（甚至不在铁路沿线），以这种方法组织推销力量。

2）按产品组织推销人员

按产品组织推销人员的做法是由一个或一组推销人员专门负责某种产品的推销工作，推销范围不受地区的限制。这种方法比较适于产品技术性强、生产工艺复杂、产品种类繁多的企业。铁路运输企业在推销某些新运输产品时宜采用这种方法。

3）按顾客组织推销人员

按顾客组织推销人员的做法是根据行业、业务的类型、分销途径、重要程度等不同的标准，派推销人员专门向某类顾客推销。这种方法的最大好处是推销人员易于深入了解特定用户的需求，有利于在工作中有的放矢，提高工作效率。它的缺陷是顾客比较分散，会相应增加旅行费用和工作量。

4）综合组织法

综合组织法通常是上述三种促销方式的混合运用。这种方法可以按照区域—产品、区域—顾客、产品—顾客、区域—产品—顾客来分派推销人员。在这种情况下，一个推销员往往要对数个产品或几个部门同时负责。这种方法上下级责任关系复杂，职责交叉，会增加管理和推销工作的难度。

三、铁路运输广告策略

1. 广告基本知识

1）广告的概念

广告是一种付费式的大众传播方式，是传播组合最具有可见性的要素。广告在营销组合的所有构成部分中有着最为宽广的潜在接触范围，即其能接触到最多的人群。同时广告的花费也是最高的。

关于广告的定义有很多，比如美国市场营销协会（AMA）对广告的定义是："由明确的广告主在付费的基础上，采用非人际传播的形式，对观念、商品及劳务进行介绍、宣传的活动。"广告是企业为了某种特定的需要，通过一定形式的媒体，以付费形式公开而广泛地向公众传递企业和产品信息的宣传手段，以此达到影响公众购买的目的。

根据广告的目的与付费上的差异，可以把实际生活中大量存在的广告分为两类，即广义广告和狭义广告。广义广告包括经济性广告和非经济性广告。经济性广告又称狭义广告，其目的是推销产品和劳务，获取经济利益，属于营利性广告。非经济性广告是以宣传为目的，为了获得某种社会效果，如电视台的"广而告之"等道德教育广告就属于非经济性广告。促销中的广告几乎都是经济性广告，因而经济性广告是我们所要研究的重点。

2）广告的类型

铁路运输企业广告的目的是通知、劝导和提醒顾客，最终产生购买行为。从铁路运输企业的视角来看，广告大体有以下五种类型。

（1）营造声誉型广告。

营造声誉型广告是指通过使用有关的权威证据、自我评价及其他单位的评价，或者引述名人或专业人士的话语去提高所宣传产品或服务的声誉，其主要有以下 2 种形式。

① 名人效应式广告。

常见的声誉营造技术就是让某一名人来为产品或服务代言，或者借用该名人的照片或签字去暗示其对产品或服务的认可。许多企业会把一些名人的照片挂在候车室、售票厅、车站等显眼的宣传位置，这便是典型的营造声誉型广告。

② 职业信心式广告。

在这种广告中，所选用的广告平台本身便反映了对职业特性的暗示。这种广告的特点是展现企业整体面貌或者员工身着工作制服，以标准的姿势等待为客人提供专业化服务。

（2）推销型广告。

推销型广告可以有多种表现形式。其中，直观式广告的特点是直接表现所推销的产品或服务，并直接陈述其特点及优势。另一种形式是比较式广告，这种广告的特点是将自己的产品或服务同某一竞争者的产品或服务进行比较，说明自己的产品或服务所提供的利益胜过竞争者的产品或服务所提供的利益。

推销型广告可重点突出产品或服务中某一非同寻常的内容或特点。例如，某一高质量的服务设施或服务项目可以是该广告宣传内容的焦点。

（3）品牌识别型广告。

当今交通运输业竞争激烈，新型的运输公司不断涌现。在同行众多的市场上，企业获取品牌知名度实非易事。有效地传递铁路运输企业品牌所代表的含义，即所谓的品牌个性化，则会更加困难。

为了争取品牌知名度和树立品牌个性，应采取的措施包括以文字形式直接陈述该产品的特色；提出该品牌的某一代表性特征——人物、话语、图像、短语等，使人们通过这种代表性象征联想到该品牌；介绍或宣布同该品牌有关的发展历史等。

（4）报价型广告。

报价型广告的一种常见形式是简单报价，如"北京往返双卧 480 元"。报价型广告的特点是将价格作为刺激顾客购买的重点激励因素。在报价型广告中，所突出强调的是实际价格，而不一定是产品或服务本身。

（5）人物情景型广告。

人物情景型广告是长期以来运输业广为使用的广告类型之一。这种广告画面的核心是一个人物或一群人物，既可用直接首发去表现，也可以相关的活动或情境为背景去衬托。另一种表现手法比较复杂的广告形式是"情境鉴别"，但是这种形式如果运作不好的话，企业的风险会很大。在这种形式下，先是表现某一"反面"场景，然后以文字说明这种情况在本企业不会发生。采用这种广告，必须谨慎考虑可能出现的后果，因为有可能适得其反。此类广告类型对广告设计有着极高的要求。

3）广告的特点

广告这种非人员推销的促销方式具有以下特点。

（1）公开性。

广告是一种高度大众化的信息传递方式，它比较适用于大众需求的标准化产品的宣传推广。

（2）渗透性。

广告是一种渗透性强的信息传递方式，可以多次重复同一信息，使购买者易于接受和比较各企业所传播的信息。

（3）表现性。

广告是一种富有表现性的信息传递方式。广告通过对文字、音响及色彩的艺术化运用，将企业及其产品的信息传递给顾客。

（4）非人格性。

广告不像人员推销那样具有人格性，因此不会对顾客造成心理压力，有利于促进顾客和公众对企业及产品形象的认知。

2. 铁路运输广告决策过程

成功的广告要能够诠释产品的优势并达到醒目、清晰、简洁、可信、可靠的效果。完美沟通的基本精髓应该是吸引注意力、引发兴趣和欲望，最终激发购买行为。

1）确定广告目标

制定广告计划的第一步是确定广告目标。各种目标应该以市场定位和营销组合的有关信息为基础予以确定。

铁路运输广告的最终目标是提高铁路运输产品或铁路运输企业的知名度，影响消费者的购买行为，从而使企业赚取更多利润。在不同时期，广告目标各不相同，一般可归纳为以下四类。

（1）“创牌”目标。

在新的铁路运输线路、班次或产品刚投入市场或将要投入市场之时，铁路运输企业要向社会介绍新产品，开拓新市场。铁路运输企业通过对运输产品到发时间、车型、价位及其他服务项目的宣传介绍，提高新产品的知名度及消费者对新产品的理解度和记忆度。

（2）“保牌”目标。

在运输产品已投放市场一段时间后，铁路运输企业为巩固已有的市场，并在此基础上深入开发潜在市场和刺激购买需求，对运行良好的运输产品主要通过连续投放广告的形式来加深消费者对已有运输产品的认识，保持消费者对该产品的好感、偏好、信心。对运行中反应不良的运输产品，要在改进产品质量的基础上，通过广告消除公众对产品的偏见，改善社会对产品的评价，确立好感。

（3）竞争目标。

为了提高产品的市场竞争能力，铁路运输企业通过重点宣传本产品与其他可替代运输产品的优异之处，使消费者认识产品的好处，增强偏爱度。

（4）公共宣传目标。

广告与公共宣传作为两种大众传播方式，虽然有各自不同的内涵，但两者又有联系。公共宣传可以利用广告扩大影响，增强说服力，及时强化宣传效果；广告也可以按照一定的宣传意图来选择、编排和发布。公共宣传目标是铁路运输企业以广告的形式向社会发布信息，树立铁路运输企业的良好形象。

2）确定广告预算

在现代广告活动中，广告预算是整个广告计划的有机组成部分，进行广告策划及编制广告策划书等活动要建立在广告费用预算的基础之上，广告费用作为铁路运输企业的生产成本费用，因此要合理编制广告预算。

广告的作用在于影响产品需求。铁路运输企业需要支付广告费的数额取决于希望达到的销售量目标。编制促销预算的方法，即量力而行法、销售百分比法、竞争均势法和目标任务法，通常也应用于广告预算的编制。

广告预算的问题主要涉及广告战略、培育品牌意识和建立品牌形象三个领域。还有一项预算决策则在于确定多少预算做战略性广告，确定多少预算做战术性广告。战术性广告主要涉及包括价格折扣在内的营销推广活动。铁路运输企业常常会有一些机会来增加广告的发布，其中一个途径就是交换。交换是用媒体企业可能使用的一些产品来换取广告。交换可能是一种不需要动用现金就能做广告的很好的方式。要想使这种交换成为一次合适的交易，就要确定合作的媒体能够覆盖的目标市场必须与铁路运输企业的目标市场相吻合。另外，广告的播出时间一定要在目标市场能够收听或收看到的时间。另一种增加预算的方法是联合广告，即两家或多家铁路运输企业共同支付广告费用。

最终的广告预算要使所配给的广告资金得到最有效的使用，同时应把促销组合中其他领域所需要的资金一并考虑在内。

3）选择广告媒体

广告媒体是广告信息和广告创意的物化形象的载体，广告媒体的使用直接关系到信息传播的影响范围和准确程度，也影响策划创意的广告形象的渲染力、影响力。巧妙地运用媒体，周密地策划媒体策略，是广告整体运作的一个重要组成部分。铁路运输企业在选择媒体时主要应考虑以下几个因素。

（1）广告覆盖的范围、播出的时效。确定广告的覆盖面、播出频率和效应是选择媒体的重要因素，铁路运输企业必须决定用什么样的广告覆盖面和播出频率来达到广告的目标。覆盖面是指在特定时间内，目标市场人口中接触到该广告宣传的人口相对比率。铁路运输企业在选择媒体时要充分结合媒体的特点。由于运输产品有较强的地域性，因此，对于有特定的始发到达地点及运输方向的铁路运输产品，可选择在运输产品沿线、停靠站点的大众传播媒体或其他媒体上发布广告，不宜选择覆盖面过广的媒体。为铁路运输产品所做的广告主要传播有关铁路运输产品时间、价格、去向等方面的信息，具有较强的时间性，因此应选择时间性强的媒体，如报纸、广播、电视等。

（2）媒体的种类。广告媒体可以分为大众传播媒体和其他媒体。大众传播媒体分为报纸、广播、电视、杂志、网络，其他媒体如户外广告等。各种媒体均有自己的传播优势和局限。铁路运输企业必须了解每一种主要广告媒体的覆盖面、频率和效应的大小。

（3）产品特性。铁路运输企业还需要在每一类一般性的广告媒体当中选择具体的最佳媒体工具。如果在杂志中做广告，必须注意杂志的发行量及不同版面、色彩、位置的广告的价格，还要注意不同杂志的发行周期。然后，再根据杂志的信誉度、地位、制作质量、编辑重点和广告截止期限等因素对杂志进行评估，从而确定哪一种广告媒介在覆盖面、频率和效应方面最合算。铁路运输企业还要计算广告载体每覆盖 1 000 人的成本，往往应选择那些覆盖目标市场的每千人成本比较低的媒介工具。铁路运输企业还必须考虑不同的广告媒体的成本，必须在媒介费用与各种媒介工具所能产生的效应之间谋求平衡。

在某些情况下，目标消费者可能需要的是电视广告、广播广告或杂志广告；在另外一些情况下，可能需要直接邮寄广告、旅游服务企业目录广告、户外广告或电话簿广告。在选择媒体之前，应首先对各种媒体作认真的分析，以便确定它们所能影响的潜在顾客人数、期望的投资报酬率及进行广告创作的最佳方法等。对媒体的选择还取决于企业的广告预算和广告在整个媒体营销计划中扮演的角色。广告媒体的决策直接决定着广告的受众范围及广告本身的影响力。

铁路运输企业提供的产品形式多样，针对不同的产品应选择不同的媒体以达到最佳的传播效果。对于普通的客运产品应该选择大众传媒，对于针对某一特定目标市场开行的运输产品，如春运期间的民工专列、学生专列，就要采取目标顾客经常接触到的媒体。对于零担、行包等普通货运产品，应选择大众媒体；而对于特定货运产品则不需要过大的影响面。

（4）广告费用。

各种媒体的收费标准不同，铁路运输企业应根据自身的财力合理选择广告媒体。

（5）播出时间。

铁路运输企业还需要对一年当中的广告时间进行决策。如在铁路运输产品销售的淡季和旺季，铁路运输企业可以根据季节的变化制定播出安排，此外还需选择广告形式。持续播出是指在一定的时期内安排广告均衡的播出，脉冲式播出是指在特定阶段内轻重不同地安排广告播出，这种播放是为了在短时间内重点播放，并且花费较少。

恰当地选择广告推出的地点和广告播出/刊出的时间对于广告战略是至关重要的环节。当选择广告的推出地点时，需要考虑以下三个问题。

（1）目标人群。

（2）广告媒体的选择，如车站和机场附近的户外广告牌，电台的新闻专题，有线电视，网络链接，娱乐杂志等。

（3）版面和版面中的位置。

在具体决定广告播出/刊出的时间安排时，需要考虑以下四个问题。

（1）广告播出/刊出的年份、月份、周份。

（2）广告播出/刊出的日期（星期几）。

（3）在一天中的哪一个小时播出。

（4）播出的具体时间（分钟）。例如，在中央电视台新闻联播节目之后插播。

4）广告评估

广告评估是对广告播出后的交流效果和销售效果进行评估。衡量广告的交流效果即广告是否传播得好，可采用问卷调查的形式。问卷调查可以在广告前、后进行。

如果广告获得了理想的效果，在恰当的时间和地点做完广告后，会不断地有顾客打来电话询问广告相关事宜，这时就需要做好应答服务。尤其要注意的问题是，当激发起顾客的购买兴趣后，一定要确保履行广告中的约定事项，使得产品的形象和顾客感知一致，从而形成完美的沟通。

四、铁路运输营业推广策略

1. 营业推广基本知识

1）营业推广的概念

营业推广作为与人员推销、广告、公共关系并列的四大基本促销手段之一，是构成促销组合的一个重要元素。不同的机构、学者对营业推广有不同的阐释。美国市场营销学会对营业推广的定义是："营业推广是人员推广、广告、公共关系之外的，用以增进消费者购买和交易效益的那些促销活动，诸如陈列、展览会等规则的、非周期性发生的销售努力。"狭义的营业推广是指："在给定时间及预算内，在某一目标市场中所采用的能够迅速产生激励作用、刺激需求，并达成交易目的的促销措施。"

2）制定营业推广目标

营业推广目标的确定，就是要明确推广的对象是谁，要达到的目的是什么。只有明确推广的对象，才能有针对性地制定具体的营业推广方案。要明确营业推广的目的，例如，是为达到培育忠诚度的目的，还是以达到鼓励大批量购买为目的。

营业推广应该能够建立顾客的品牌忠诚，换言之，营业推广应该重视对产品定位的促销，并提供一定的销售信息。理想的情况是，营业推广的目标是培育顾客长期需求而不是加快顾客的品牌转换频率。经过精心设计的每一种营业推广工具都具有培育顾客品牌忠诚的潜力。

3）营业推广的特征

营业推广的定义虽然很多，但都包含以下几个基本特征。

（1）营业推广通常用作短程考虑，是为立即反应而设计的，所以常常有限定的时间和空间。

（2）营业推广注重的是行动，要求消费者或经销商亲自参与，营业推广导向的目标是立即销售。

（3）营业推广工具具有多样性，营业推广由刺激和强化市场需求的花样繁多的各种促销工具组成。如今的营业推广活动已不局限于过去的折扣、赠券、抽奖等方式，而是有了更加丰富多彩的内容，出现了联合促销、服务促销、以顾客满意（CS）为目标和标准的满意促销等新的形式。

（4）营业推广见效快，销售效果立竿见影，增加了销售的实质价值。

4）营业推广的分类

在现实的促销活动中，营业推广针对短期刺激和强化市场需求的方式有很多，根据营业推广对象的不同可以分为以下四类。

（1）对消费者的营业推广，如赠送样品、提供各种价格折扣、消费信用、赠券、服务促销、演示促销等。

（2）对中间商的营业推广，如批量折扣、现金折扣、特许经营、业务会议、代销、试销、联营促销等。

（3）对推销人员的营业推广，如推销竞赛、红利提成、特别推销金等。

（4）对产业用户的营业推广，如租赁促销、顾客折扣促销、订货会、服务促销等。

其中某一种促销工具往往又可以广泛应用于若干方面，其应用范围和时机、有效程度等又同应用环境等各种因素的影响密切相关。

5）制定营业推广计划

制定营业推广计划要求营销人员做出各种决策。首先，他们必须确定激励的规模有多大。要想使推广获得成功，必须有一个最低的激励限度。激励程度越高，反响越大。营销人员还要确定参与的条件，因为有些激励可以人人参加，而有些却只供有限的群体参加。其次，营销人员必须确定如何贯彻和实施这项推广计划。最后，营销人员必须做出营业推广的预算。

6）营业推广计划的测试与实施

在可能的情况下，企业都应该对营销推广的各种工具进行测试，以便弄清楚它们是否合适，以及所确定的激励程度是否适中。面向消费者的营业推广计划很容易进行测试。同时，各个企业都应该为每一项营业推广计划制定实施方案。

7）评估营业推广的效果

尽管对最后效果的评估非常重要，但很多企业都未能真正做到对营业推广效果的评估。有些企业虽然做了评估，但仅涉及皮毛。评估的方法很多，其中最常见的是对营业推广计划推广前、推广中和推广后的销售额进行比较。

2. 铁路运输企业营业推广方式

铁路运输企业应根据市场类型、营业推广目标、竞争条件与环境，以及各种营业推广形式的成本效益比，从下列形式中选择适合本企业的营业推广形式。

1）礼品

在顾客购买某种产品时，铁路运输企业可免费附送小礼品，以刺激其购买欲望。小礼品可附于重要产品包装之内，也可另外赠送。有时商品包装本身就是一种附带礼品。铁路旅客列车中的“优质”车就可以通过赠送礼品来体现“优质”。

2）代价券

代价券是送给消费者的一种购货券，可按优惠价格购买某种商品。这种代价券可只寄给消费者，也可负载在其他产品或广告中。

3）有奖销售

让消费者凭车票、货票号码兑奖，这种方式是最常用的营业推广方式之一。

4）交易印花

运输企业在营业过程中向消费者赠送印花，当购买者手中的印花积累到一定数量时，可向出售者领取现金或产品。目前，航空公司普遍采用这一方法，当旅客在本公司的旅行里程积累够一定数量时，就向旅客返还现金或提供一次免费的飞行机会。这种方法可以吸引顾客长期购买本企业的产品。铁路运输企业也已正式推行会员积分兑换车票政策。

5）竞赛

竞赛既可针对消费者，又可针对中间商和推销人员。在对消费者运用时，铁路运输企业可让消费者进行某种比赛游戏，向优胜者发奖。如在报纸上经常举行的某些企业的知识竞赛，就属于对消费者的竞赛。在对中间商和推销人员运用时，这种竞赛又称消费竞赛，即让中间商或推销员开展销售产品的竞赛，向优胜者发奖。

在铁路客货运输市场营销中，只要观念转变了，就会有花样繁多、层出不穷的营业推广方式和工具，从而对顾客起到强烈的刺激作用和拉引作用。比如印制适合不同旅客需求的列车时刻表，在购票时赠送或在问事处廉价出售；在春运、暑运中，铁路往往要加开一些列车，为了减少一些条件较差、运行时间不便利的列车的虚靡，可以采用适当折价的方法，从而对一部分旅客起到调配作用，减少了“热门车”的压力；优质优价车可在途中向旅客免费赠送一份快餐盒饭等。如上海站推出的“上铁龙卡”铁路购票磁卡，对累计购票达到一定数量的旅客奖励一张车票等。在货运中，对稳定的大宗货物的货主，应提供必要的货物运费信用，这样既可简化托运手续，又起到增加货主信任、联络感情的作用，而感情的沟通必将带来巨大的促销作用。同时，实行包车优惠、运输批量折价，以及定期、定量承诺服务等，这些做法都显示了铁路运输营业推广策略的运用，对提高铁路促销的效果是十分有益的。

五、铁路运输公共关系策略

1. 公共关系基本知识

1）公共关系的概念

公共关系，简称“公关”，是指某一组织为改善与社会公众的关系，促进公众对组织的认识、理解及支持，达到树立良好组织形象、促进商品销售的一系列促销活动。公共关系是一种营销工具，是连接企业和各种对象人群的一种沟通手段。公共关系的服务对象范围应包括全体受众。公共关系能有效地影响庞大外部受众中的每一个人。总而言之，公共关系是指有计划地、持续不断地运用沟通手段，为改善与社会公众的联系状况，增进公众对组织的认识、理解、协作与支持，树立和维护良好的组织形象而进行的一系列活动。

企业形象是公共关系的核心。声誉高、形象好的企业能更多地取得顾客的信赖，也就可以吸引更多的顾客。形象可以在顾客心中产生心理价值，良好的形象会使企业在经营中容易得到合作，获得许多便利和主动性。相反，一旦企业在社会公众中造成恶劣印象，就有可能被市场淘汰。

公共关系是一项能触及所有营销受众的强大营销工具。在有利的情况下，公共关系是一种主动进取的手段；在不利的情况下，公共关系则是一种有利的防御策略。

2）公共关系的特点

（1）注重长期效应。企业公共关系追求的目标是与社会公众利益一致的，通过一系列有计划的活动，树立和保持企业的声誉与形象。这一目标的达成不是一朝一夕能够实现的，需要企业长期积累，不断努力才能获得成功。

（2）注重双向沟通。企业公共关系的对象是公众。企业活动的涉及面广，公关对象主要有企业内部公众、媒介公众、客户公众、政府公众、社区公众及与其有关的其他公众等。企业进行公共关系活动的目的，一是将有关产品及组织的各种信息及时、准确、有效地传播给公众，争取公众对企业的认识和了解，提高企业的知名度和美誉度，为企业树立良好的形象；二是要从广大公众中收集有关市场需求信息、价格信息、产品及企业形象信息，这些信息为协调企业与公众的关系打下基础。

（3）注重间接营销。企业公共关系活动通过对各种传播手段的运用，拉近企业与公众的关系，树立良好的企业形象，进而促进销售。人员推销、广告和营业推广对促销产品起到直接作用，而公共关系间接地促进销售。

3）公共关系的作用

公共关系活动的作用日益受到市场营销者的关注，虽然它在很多时候不能直接推销产品。

（1）产品宣传和推广作用。企业可通过各种公益和社会活动，宣传自己的产品，如对重大的社会活动进行赞助。这样不仅能使公众对企业有良好、深刻的印象，而且会对其产品质量产生一种信任感。

（2）协调作用。公共关系活动可以协调企业与政府、新闻机构、消费者、竞争对手之间的各种关系。如企业与新闻媒体建立良好的关系，能保证对企业经营有利的信息传达通畅；与消费者建立良好的关系，能增强消费者对企业及其产品的信任，并起到防患于未然的作用；公共关系对危机事件的处理，更是其他管理活动无法替代的。

（3）引导作用。企业通过各种宣传手段，引导消费者的购买心理和消费习惯，给消费者一个充分理由，让其购买企业的产品并引以为荣。

（4）树立企业形象。公共关系活动的主要目的就是提高企业的知名度和美誉度，建设企业文化，使企业在消费者心目中树立良好的形象。

（5）咨询决策作用。公共关系人员将工作中发现的问题、收集的资料提供给企业，有助于企业营销人员制订更恰当、更有效的营销组合计划。

2. 铁路运输公共关系策略的内容

铁路运输公共关系的策略可以分为三个层次：一是公共关系宣传，即通过各种传播媒体向社会公众进行宣传，以扩大铁路运输企业的影响力；二是公共关系活动，即通过支持和组织各种类型的社会活动来树立铁路运输企业在公众心目中的形象，以获得公众好感；三是公共关系意识，即铁路运输企业营销人员在日常经营活动中所具有的树立和维护企业整体利益的意识。公共关系意识的建立能使公众在同铁路运输企业的日常交往中对铁路运输企业留下深刻的印象。从这个意义上讲，公共关系经常融于铁路运输企业的其他促销策略中，同人员推销、广告、营业推广等手段结合使用，从而使促销的效果得到增强。

1）新闻宣传

铁路运输企业可以通过新闻报道、人物专访、纪实特写等形式，利用各种新闻媒介对企业进行宣传。新闻宣传不用支付费用，而且具有客观性，能取得比广告更为有效的宣传效果。但是新闻宣传的重要条件是所宣传的事实必须具有新闻价值，即应具有时效性、接近性、重要性和情感性等特点。所以企业必须十分注意提高各种信息的新闻性，使其具有被报道的价值。铁路运输企业可通过新闻发布会、记者招待会等形式，将企业的新产品、新举措、新动态介绍给新闻界；也可以有意制造一些新闻事件，以吸引新闻媒介的注意。制造新闻事件并不是捏造事实，而是对事实进行加工。如利用一些新闻人物的参与，创造一些引人注目的活动形式，在公众所关心的问题上表态、亮相等，都可以使事实的新闻色彩增强，从而引起新闻媒介的注意并予以报道。

公共关系的新闻宣传活动还包括对不利舆论的处理。如果在新闻媒介上出现了对企业不利的流言，铁路运输企业应当积极采取措施，及时通过新闻媒介予以纠正和澄清。当然，若确因企业经营失误而导致不良舆论，则应通过新闻媒介来表示诚恳的歉意，并主动提出整改措施，这样才能缓和矛盾，重新获得公众好感。铁路一直是新闻机构关注的对象，所以只要稍稍做一些努力，就很容易收到良好的效果。

2）公共关系广告宣传

公共关系活动中也应包括利用广告进行宣传，这就是所谓的公共关系广告。公共关系广告同一般广告的主要区别在于：公共关系广告以宣传企业的主体形象为内容，而不是仅宣传企业的产品或劳务；它以提高企业的知名度和声誉度为目的，而不是仅仅为了扩大销售。

3）企业自我宣传

传播企业信息、建设企业文化都离不开企业的自我宣传，铁路运输企业可以用各种能自我控制的方式进行企业的形象宣传，如举办安全生产的整数日纪念、某趟列车的首次开通庆典等，派出公共关系人员对其目标市场及有关方面的公众进行游说；印刷和散发各种宣传资料，如企业介绍、商品目录、纪念册等，在有条件时，铁路运输企业还可创办和发行一些企业刊物，持续不断地对企业进行宣传，以扩大企业的影响。

4）策划活动

企业公关活动的一项重要内容是策划、组织各种有利于企业形象和产品销售的活动，包括调查活动、赞助活动、庆典活动、记者招待会、宴会、参观活动、危机事件处理等。

知识拓展

新版火车票出现广告是铁路营销手段不断提高的表现

新版火车票出现广告，称“买票请到12306，发货请到95306”。12306客服人员表示，加印这句话是为了提醒旅客购买火车票要到铁路部门唯一的官方网站，部分火车票上还印有温馨、有人情味的广告语——“温馨提示，本次列车途经琼州海峡，特殊季节遇台风等恶劣天气，轮渡可能停航，敬请关注天气预报”。

新版火车票“变脸”，印上了广告体现了铁路部门营销意识的不断提升。曾几何时，铁路作为高高在上的“铁老大”一直在坐等生意上门，旅客、货主如何选择是他们的事情，只要守株待兔就可以了。不曾想，如今的铁路终于放弃了高高在上的“铁老大”形象，不仅化身为“店小二”进行营销创新。

新版火车票不仅印上了广告语，而且在部分火车票上也印上了关于天气变化等的信息，让人感受到了浓浓的人情味。近年来，铁路运输企业一直专注于营销意识的提升，不断进行客货运改革，不断推出诸如变更到站、开车前30 min可以买票，会员制积分活动，持部分高铁票在旅游景点可以享受打折优惠的待遇等，让许多旅客交口称赞。

铁路货运电子商务网站也顺应形势开通，货主在家就可以全程监控网上运货，而不用一次次跑火车站了。而且对于许多地方企业，铁路也开始不厌其烦地进行上门营销，一些从来没有接触过铁路的货主也开始使用铁路。铁路在短暂的货运量下滑后又开始提升，尽管想要占据更大的市场，还有更长的路要走，但是铁路运输企业如今已经在进行一点点“化茧成蝶”的变化，一点点地融入市场中。

铁路作为旅客出行的首选交通工具，不仅在火车票上可以大做广告文章，而且候车室、列车车厢里都可以作为广告营销的阵地。一些货主不了解铁路，也不了解铁路的政策，铁路运输企业还可以在车站派发一些营销小册子，一步步引导旅客、货主选择铁路客货运产品和服务。

在与市场的博弈中总是不进则退，铁路运输企业要想真正抓住市场的脉搏并开拓一条道路来，就需要多增加一些营销意识，新版火车票是一个好的开头，说明铁路运输企业已经意识到了市场的重要性。依托铁路大动脉这个载体，进一步打响客货运战役，让铁路客货运真正走进千家万户，在降低人们客货运成本的同时，为大众带来幸福与实惠。

实训分析

项目实训：铁路运输企业营销策略的重要性

【实训目标】

（1）理解营销策略的多样性；

（2）理解营销策略的针对性；

（3）理解铁路运输市场营销对象分析的重要性。

【实训内容与要求】

（1）全班同学自由组合成若干个学习小组，各学习小组通过课堂学习，对相关概念建立较深的认识。

（2）各学习小组给出铁路运输企业与特定细分市场进行良好沟通的例子。沟通的形式不限，可以是广告、人员推销、营业推广及公共关系。

【实训成果与检测】

各小组成员能够根据实际的案例，提交铁路运输企业促销方案分析报告，并进行课堂交流与讨论，教师根据每个人的分析报告与讨论表现进行评估、打分。

第八章
铁路运输市场营销管理

案例导入

铁路特色运输产品赢得大市场效应

2017 年 3 月 25 日，中铁快运股份有限公司（以下简称“中铁快运公司”）获得海尔 2016 年服务备件最佳创新奖。随后，双方在中铁快运公司合肥备件库召开 2017 年业务洽谈现场会，确定 7 个备件仓库的业务增量及服务标准。这是中铁快运公司优化家电行业物流解决方案的新成果，是展示铁路快运物流服务能力的又一成功案例。

中铁快运公司充分发挥网络资源和专业管理优势，大力培育以品牌为中心，以创新为引领的经营文化，积极开发医药冷链、家电、服装等特色物流产品，进一步加快创新升级步伐，2017 年一季度营业收入同比增长 38.4%。

（1）讲好“快运”故事，增强市场意识。中铁快运公司积极开展以“强基达标、提质增效”为主题的教育活动，坚持诚信共赢的市场化经营理念，引导干部职工不断增强市场、服务、效率和效益意识，增进对公司经营价值导向的认知、认同。该公司建立多媒体矩阵，着力讲好“快运”故事，聘请业务骨干制作主题教育活动系列宣讲视频，共享经营管理心得；开办移动书屋网络平台，每周开展学习、答题活动，济南公司海尔项目组点击率名列前茅，成为学而用、学而行的表率；快运快讯电视台全年展播典型事迹 40 余人次，使公司价值导向人格化、具体化。

（2）开展实践活动，提升执行能力。中铁快运公司党委突出问题导向，围绕安全质量、市场影响、客户服务等经营工作重要环节，每季度开展“五比五创”劳动竞赛，激发广大职工的劳动热情和改革创新活力，使干部职工在履行岗位职责的过程中感知文化、养成文化、践行文化，提升创新发展的行动力。在试水“双十一”铁路电商黄金周运输和服务春运中，该公司组织 300 余名机关干部职工开展“青年一线突击”活动，参与高铁快运在途押运等工作。“90 后”职工许辉说：“通过这些活动，我亲身感受到了高铁快运的快速发展。”在活动中，该公司以大力拓展物流总包、高铁快运、货物快运业务，干部职工携手冲刺，提前 38 天完成全年经营任务。

（3）打造三大品牌，勇闯物流市场。面对市场，中铁快运公司着力打造中铁快运、高铁快运、快运商城三大品牌，不断丰富品牌内涵，提升品牌价值，扩大市场影响力。快运商城全年完成交易额 3 392 万元，同比增长 62%，地方名优特产赢得大批忠实客户。高铁快运实现全国高铁城市全覆盖，成为备受关注的行业新星。2016 年，该公司获得“中国最具社会责任物流企业”“‘双十一’公众最满意快递公司金奖”“中国品牌价值百强物流企业”等荣誉。该公司全面实施建设“基础、品牌、网络、产品、模式、市场、机制、系统、队伍、文化”的总体要求，开发特色运输产品，赢得大市场效应。他们与各铁路局集团公司联手，形成统一对外的市场开发经营格局，积极开发“总对总”物流项目，勇闯物流高端市场，推出医药冷链、家电、服装等特色物流产品，打造医药高铁快运冷链、家电多式联运物流、正反向及库存调拨服装物流等行业物流项目标杆。

中铁快运公司坚持向科学管理、精细管理要效益、效率，以激励机制促营销，以优质服务树品牌，充分发挥文化的凝心聚力和品牌的引领示范作用。目前，以市场为导向、以效益为中心、以服务为根本的市场化经营新格局已在该公司形成，浓郁的经营文化、强烈的市场意识已成为该公司创新升级、增效发展的强劲引擎。

营销是在一个动态的全球环境中进行的。每一个历史阶段都需要营销管理人员以一种崭新的思路去思考营销的目标和实践。迅速的变化会很快使昨天的制胜战略过时。彼得·德鲁克曾观察到，10 年前使一个公司制胜的公式在下一个 10 年中就很可能不适用了。铁路运输市场营销的任务是确定未来发展的战略规划，并制定切实可行的营销计划，将计划的目标落实在每个人身上，进行协调和指挥，对其加以组织、控制，完成铁路运输市场营销管理任务，达到预定的营销目的。

第一节　铁路运输战略规划

一、战略规划基本知识

1. 战略规划的含义

企业战略规划是指依据企业外部环境和自身条件的状况及其变化来制定与实施战略，并根据对实施过程与结果的评价和反馈来调整、制定新战略的过程。企业战略规划可以由企业自主完成或借助咨询专家库完成，必要时邀请专业管理咨询公司操盘完成。一个完整的战略规划必须是可执行的，它包括两项基本内容，即企业发展方向和企业资源配置策略。随着竞争环境的快速演变，需要随着技术的进步、新模式的发展对企业战略进行调整。

2. 战略规划的特点

战略规划的有效性包括两个方面：一方面是战略正确与否，正确的战略应当做到组织资源和环境的良好匹配；另一方面是战略是否适合该组织的管理过程，即和组织活动匹配与否。一个有效的战略规划一般有以下特点。

1）目标明确

战略规划的目标应当是明确的，其内容应当使人得到振奋和鼓舞。目标要先进，但经过努力可以达到，其描述的语言应当是坚定和简练的。

2）可执行性良好

好的战略应当是通俗的、明确的、可执行的，它应当使各级人员能确切地了解它、执行它，并使自己的目标和它保持一致。

3）组织人事落实

一个好的战略计划只有得到良好的执行，才能得以实现。因此，战略计划要求一级一级落实，直到个人。高层领导制定的战略一般应以方向和约束的形式告诉下级，下级接受任务并以同样的方式告诉再下一级，这样一级一级细化，做到深入人心，人人皆知，战略计划就个人化了。个人化的战略计划明确了每个人的责任，可以充分调动每个人的积极性。这样一方面激励了大家动脑筋想办法，另一方面增加了组织的生命力和创造性。在一个复杂的组织中，只靠高层领导一个人是难以识别所有机会的。

4）灵活性好

一个组织的目标可能不随时间而变，但它的活动范围和组织计划的形式无时无刻不在改变。战略计划只是一个暂时的文件，应当进行周期性的校核和评审，灵活性强的战略计划才能适应变革的需要。

3. 战略规划的制定方式

制定战略规划的方式有以下四种。

（1）领导层重视，自上而下逐级制定，这种方式在很多企业里都有运用。

（2）建立规划部门，由规划部门制定。

（3）委托权威的咨询机构制定。

（4）企业与咨询机构合作制定。

在实际制定规划的过程中，这四种方式往往是相互结合在一起来操作的。

二、制定战略规划的程序

1. 确定企业任务

企业首先应确定任务，编写任务书。任务书的要求如下。

（1）任务书必须规定企业的经营范围，包括产品范围、顾客范围、市场的地理范围等。关于业务范围的表述，习惯上多从产品角度或技术角度回答，如“本铁路局集团公司的业务范围是客货运输”。然而这个回答还不够恰当，因为按照市场营销观念，企业的业务活动应当被看作一个满足顾客需要的过程，而不仅是一个制造和销售某种产品的过程。产品或技术迟早会过时、会被淘汰，而市场上的基本需要是长期存在的，因此，企业在规定自己的任务时应该是“市场导向”，即以市场需要为中心来规定自己的任务，而避免用“产品”或“技术”把任务定得过窄。

（2）任务书必须要具有激励性，要使全体员工感受到他们工作的重要性，以及对社会的重要贡献。

（3）任务书要强化企业的优良传统和共同价值观。这可使全体员工有所遵循，应明确如何对待顾客、供应者、经销（代理）商、竞争者及一般公众，树立和保持良好的企业形象。

2. 确定企业目标

企业在确定任务后，还要将这些任务具体化，使其变为企业各管理层的目标，形成一套完整的目标体系，使每个管理人员都有自己明确的目标，这些目标应当尽可能量化，如“在一年之内使‘夕发朝至’列车的市场占有率提高 40%”。同时，必须有适当的营销策略，如加大对“夕发朝至”列车的广告宣传力度，对乘坐“夕发朝至”列车的旅客免费供应早餐等。

3. 分析现有业务（或产品）组合

企业战略规划的重要内容之一是业务（或产品）组合分析。通过这种分析，可对企业的各项业务进行分类和评估，然后根据其经营效果的好坏来决定给予投入的比例。对盈利的业务追加投入，对亏损的业务维持或减少投入，以便使企业资源得到合理配置。

对于一个拥有复杂产品系列的企业来说，一般决定产品结构的基本因素有两个，即市场引力和企业实力。市场引力包括企业销售增长率、目标市场容量、竞争对手强弱及利润高低等。其中，最主要的是反映市场引力的综合指标——销售增长率，这是决定企业产品结构是否合理的外在因素。企业实力包括市场占有率、技术、设备、资金利用能力等，其中市场占有率是决定企业产品结构的内在因素，它直接显示了企业的竞争实力。销售增长率与市场占有率相互影响又互为条件，市场引力大，销售增长率高，则显示了产品的良好前景。

4. 制定企业增长战略

企业除对现有业务进行评估和规划外，还应对企业未来的业务发展方向做出战略规划，即制定企业的增长战略。企业的增长战略主要有三类：密集性增长战略、一体化增长战略和多角化增长战略，它们各自又包含三种具体形式，共九种。

1）密集性增长战略

企业的现有产品或现有市场如果还有盈利能力，可采用密集性增长战略。这一战略主要有以下三种方式。

（1）市场渗透。企业通过各种营销措施，如增加广告、增加销售网点、加强人员推销及降价等，努力增加现有产品在现有市场上的销售量，设法吸引竞争对手的顾客和新的购买者。

（2）市场开拓。努力使现有产品打入新的市场，如从铁路既有市场扩展到“无轨”市场。

（3）产品开发。在现有市场上通过改进产品或增加新品种来达到增加销售的目的。例如，为抢占高运价率货运市场，铁路运输企业开发行包专列、“五定”班列等运输新产品。

2）一体化增长战略

如果企业所属行业的吸引力和增长潜力大，或实行一体化后可提高效率、盈利能力和控制能力，可采取一体化增长战略，具体形式有以下三种。

（1）后前一体化。生产企业向前控制供应商，使供应和生产一体化，实现供产结合。例如，某车站与煤炭公司联办煤炭转运站，使货物供应与运输一体化。

（2）前后一体化。企业向后控制分销系统，实行产销结合。如某铁路局集团公司既从事旅游列车的运输，又办理旅游业务。

（3）横向一体化。实力强大的企业兼并或控制同行业的弱小企业。如铁路运输企业兼并地方运输公司等。

3）多角化增长战略

多角化也称多样化或多元化，即向本行业以外发展，扩大业务范围，向其他行业投资，实行跨行业经营。当企业所属行业缺乏有利的营销机会或其他行业的吸引力更大时，可实行多角化增长战略。多角化并不意味着毫无选择地利用一切可获得的机会，而是要扬长避短，结合自身的资源优势来选择市场机会，以充分发挥资源潜力并减少、分散风险。多角化主要有以下三种形式。

（1）同心多角化。以现有产品为中心向外扩展业务范围，利用现有技术力量和营销力量逐渐开发与现有产品近似或属同一门类的新产品，以吸引更多的新顾客。

（2）横向多角化。在现有市场上发展与现有产品无关的各种新产品，如在车站候车厅开设餐厅、名优商品展销厅、美容室等，以稳定现有顾客，扩大营业额，并吸引新顾客。

（3）综合多角化。发展与企业现有产品、技术和市场无关的新产品，以吸引新顾客。例如，进入新的商业领域，经营房地产，开办酒店、游乐场等。

由于多角化增长战略可分散风险，能取得很大的竞争优势，因而当前许多企业都实行这种战略。如果决策不慎，贸然进入陌生行业，一旦经营失误，企业可能会面对巨大损失。

5. 制定职能计划

战略规划规定了企业任务、目标、发展方向与增长战略，并对各业务单位做出安排。各业务单位为了实现企业的任务和目标，还要制订各项具体的职能计划，如市场营销计划、生产计划、财务计划等。

三、铁路运输营销战略规划

1. 战略矩阵分析法

战略矩阵分析法广泛应用于营销战略规划。战略矩阵分析运用“市场增长率”和“相对市场占有率”两个维度，将矩阵分为四个象限，起了四个形象的名字：现金牛，明星，问题，和瘦狗。战略矩阵如图 8–1 所示。

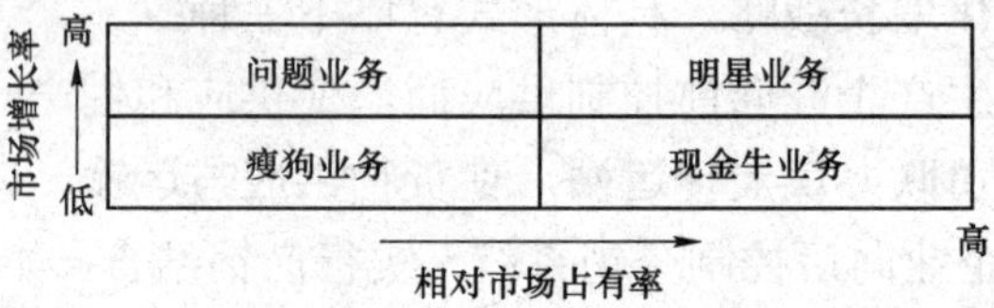

图 8–1　战略矩阵

1）现金牛业务

现金牛业务，也被戏称为“印钞机”，它通常有很高的相对市场份额，但市场增长率较低，比如微软的 Windows 和 office 软件产品，谷歌的搜索业务，都是现金牛业务。

2）明星业务

明星业务通常是很有前景的新兴业务，在一个快速增长的市场中，占据了相对高的市场份额。比如从卖书起家的亚马逊，进入了高速发展的云计算业务，并占据领先地位。虽然开始不赚钱，甚至需要大量资金的投入，但它是未来。一旦明星业务成为现金牛，公司就进入下一个爆发期。

3）问题业务

问题业务，是一些相对市场份额还不高，但市场增长率提高很快的业务。比如谷歌的人工智能、机器人、无人驾驶等业务。其之所以叫问题业务，是因为它们最终会成为明星业务，甚至现金牛业务，还是会死掉，是不确定的问题。

4）瘦狗业务

相对市场份额很低，也看不到什么增长机会的，食之无味弃之可惜的业务，被称为瘦狗业务，比如微软的智能手机，腾讯的微博，百度的电商。

2. 铁路客运营销战略规划

1）对现有客运列车运营情况的分析

目前，铁路开行的市郊列车和短途普速客车的运量下降很快，运能浪费，在短途市场中的市场占有率很低，属于瘦狗类产品，应采取撤退战略；对那些上座率太低、亏损严重的短途普速列车应停开或租赁出去，同时将市郊列车的车底改造成行包车厢并编入行包专列中。直通客流、高铁增长较快，且市场占有率也较大，因此应加大对直通列车、高铁列车的投入，目前开行的“夕发朝至”列车及高速列车深受市场好评，是铁路客运产品中的明星产品，应采取发展战略，积极扩大运输规模和市场机会，进一步提高市场占有率，使之成为铁路运输企业参与市场竞争的拳头产品。在旅游列车，假日列车，民工、学生、球迷专列等特殊需求的列车中，目前部分运量增长较多，但市场占有率不高，属于问题类产品，应采取选择性投资战略，对那些运量大、市场前景看好的部分旅游、假日列车应当进行重点投资，使其转化为明星产品，对其他有前景的特需专列则应采取扶持政策。

2）铁路客运营销战略内容

根据我国的国情及各种交通运输方式的发展，铁路运输企业应提出具有方向性、长远性、全局性的客运营销战略；牢固占领长途客运市场，大力争取需求旺盛的短途客运市场，积极开拓旅游客运市场，努力扩大行包市场。

3. 铁路货运营销战略规划

1）对现有货运列车运营情况的分析

由于受到公路运输强烈的冲击，短途摘挂和区段列车的运量急速下降，市场份额不断下降，属于“瘦狗”类产品，应采取撤退战略，即减开摘挂和区段列车。直达、快运直达、冷藏列车和合同列车属于铁路货运产品中的现金牛业务，应采取收获战略，增开部分列车对数，使之成为铁路货运收入的稳定“大户”。“五定”货物快运班列受到货主青睐与市场好评，属于铁路货运产品中的明星产品，应进行重点投资，扩大市场占有率，使之尽快成为运输收入新的增长点。

2）铁路货运营销战略内容

铁路货运营销售战略为：确保大宗货物运量的持续增长，注重拓展多式联运市场，大力提高集装箱运输和高运价率货物的市场份额，逐渐停办零担货物运输。

第二节　铁路运输市场营销计划

一、运输市场营销计划的基本知识

1. 运输市场营销计划的分类

运输市场营销计划可按时间跨度、职能、涉及对象和范围划分为不同类型。

1）按时间跨度划分

运输市场营销计划从时间跨度上可以分为长期计划、中期计划和短期计划。

（1）长期计划的时间多在 5 年以上，内容一般是概要性的，主要涉及组织扩大、产品升级、市场转移等重大事项。

（2）中期计划的时间在 1～5 年，内容与企业的中期规划和中层管理人员的日常工作有更多的直接关系。中期计划较为稳定，受环境变化影响小，因此它是大多数企业制定计划的重点。

（3）短期计划的时间在 1 年以内，内容详细具体，对企业一线管理人员的日常工作有更大的影响作用，一般包括年度经营计划和各项适应性计划。

2）按职能划分

运输市场营销计划从职能上可以分为市场调研计划、产品开发计划、包装计划、价格计划、广告计划、推销计划、营业推广计划、公关计划及顾客服务计划等。

3）按涉及对象和范围划分

运输市场营销计划按涉及的对象和范围可以分为企业营销总策略计划、各项营销组合要素计划及每项要素内部各具体项目的活动计划等，分别由企业营销总裁、各事业部（产品部、分销部、公关部）经理、产品线经理及品牌经理制定。

无论哪一种类型的市场营销计划，均应明确规定做什么、由谁做、如何做、何时做等问题。

2. 运输市场营销计划的作用

运输市场营销计划对于企业的发展和营销工作的开展有着重要的作用。

1）营销计划是企业计划的核心

企业的一切工作都是围绕着市场展开的。在企业的计划体系中，生产计划、设备计划、人事计划、财务计划等都要围绕着企业的营销计划来展开。因此，营销计划在企业计划中处于核心地位。

2）营销计划是营销管理中最重要的文件

计划是将企业管理人员的构想、工作安排、工作程序等经过整理后表达出来所形成的文件。在营销管理过程中可能会形成许多文件，但任何文件都是围绕营销计划所进行的论证，辅助营销计划的实施和实现，对营销计划的修正和补充等。在制订计划的过程中，营销管理人员对未来的目标反复考虑、论证，对营销策略仔细斟酌、思考，对行动方案周密设计、安排，对营销预算多方估计、测算。所有这一切使得营销人员在营销工作进行前对营销中可能遇到的问题、困难及解决办法和工作要点等进行了深入的研究。这在很大程度上不仅保证了计划的可行性，也使其在未来实施中的操作性增强。因此，营销计划应是营销管理人员付诸极大心血的重要文件，也是营销管理工作中必不可少的一个条件。

3）营销计划多方参与、互相配合

在制定营销计划时，企业最高领导、相关的部门（如生产、财务、人事等部门）都要参与提供建议、资料等，营销计划最终要由高层管理人员认可。这种在营销工作开展前的信息沟通，对将来营销工作的开展奠定了良好的基础。从某种意义上讲，制订营销计划的过程也是营销人员沟通多方信息、争取多方理解和支持的过程。

4）营销计划是提高营销管理效率的有效手段

职能明确、目标明确，对提高营销管理效率非常有益。同时，随着企业的发展和市场竞争的加剧，靠着经验或“拍脑袋”来进行营销决策已远不能适应形势的发展。不研究市场的变化，不分析企业的优势、劣势，不了解技术的发展，不掌握竞争对手的动态等，单靠“碰运气”，企业营销必然会遇到重重困难和问题。从这方面看，营销计划对企业营销管理效率提高的作用会越来越大。

二、运输市场营销计划的制定程序

1. 进行现状分析

1）企业营销现状分析

分析过去几年企业的销售、利润、成本、市场占有率等重要指标的变动情况，通过这一分析来反映企业营销的基本现状。

2）环境分析

分析营销环境中的各项要素的变化情况，包括面临的机会和威胁。例如，分析环境因素中的竞争情况，了解有多少竞争对手及他们采取了哪些策略。总体来说，环境分析的目的就是要对环境中存在的机会和威胁做到心中有数，以便提前计划，趋利避害。

3）企业实力分析

分析企业在目前的环境下有哪些优势和劣势，以便找出需要改善的方面，发挥企业优势。

4）未来趋势分析

未来趋势分析是对市场需求和企业销售等发展趋势的预测。这里的正常情况主要是指在营销环境和企业自身情况没有大的、重要的变动的前提下进行的预测与分析。

2. 确定企业营销目标

确定企业营销目标即确定在计划期内企业市场营销活动的目标。通常宏观方面应包括企业的投资收益、销售总额（量）、利润额（率）、市场占有率和销售增长等。各部门计划和专项计划均以此目标体系为基础来制订次级目标和阶段目标。在确定目标时应注意以下几点。

（1）目标要具体。目标要尽量数量化，以便在实施中进行衡量和控制。

（2）时间要明确。要指出应完成或达到目标的具体时间。

（3）目标要细化。应按时间、人员、区域等将目标分解，以便实行目标管理。

（4）目标要具有可达成性和挑战性。目标过高，营销人员在执行中感到无法实现，会出现抵触情绪，甚至放弃；目标过低，难以激发营销人员的潜力和斗志。

3. 制定营销策略

营销策略偏重于从总体上考虑采取何种方法来达到目标。例如，为达到把市场占有率提高 10%的目标，企业决定采取市场渗透和产品开发双重策略。一方面，在现有市场上通过采取推广活动来扩大销售；另一方面，通过开发新产品进入新的细分市场来提高市场占有率。

4. 确定行动方案

行动方案是营销策略的具体行动计划，它包括实际行动的具体步骤和各阶段的具体任务。例如，产品开发策略的具体部署包括开发几个新产品，由哪一个部门具体负责，分几个阶段完成，何时进入市场等。

5. 确定营销预算

确定营销预算是在上述目标、策略和行动方案的基础上编制企业营销预算。预算应规定企业收入和支出总额，并应具体分配到各部门和各个行动阶段，以获得预期的经济效益。

6. 落实控制和检查的具体措施

任何好的计划如果没有控制和检查的具体措施，那么其最后的效果是可想而知的。营销计划要包括控制和检查的指标、步骤、奖惩措施等，以便计划执行者有所依据。

市场营销计划的制定一般包括以上六个部分的内容，在具体应用中可结合实际情况加以扩充和删减。

三、铁路运输市场营销计划的制定程序

制定铁路运输市场营销计划一般包括以下八个步骤。

1. 拟定内容提要

铁路运输市场营销计划首先要有一个内容提要，主要的客运、货运营销目标和措施要作简要说明。

2. 了解当前铁路运输市场营销现状

在拟定内容提要之后，铁路运输市场营销计划的第一个主要内容是提供当前铁路客、货运营销现状的简要而明确的分析。

1）运输市场情况

分析铁路运输的市场吸引范围（或吸引区）有多大，包括哪些细分市场；铁路运输市

场及各细分市场近几年的运输收入有多少；铁路运输市场份额情况；顾客的需求状况及影响顾客行为的各种环境因素，等等。

2）运输产品的情况

分析运输产品组合中每个运输产品的价格、销售额、利润率等。

3）竞争对手情况

分析铁路运输的主要竞争者，各个竞争者的特点和优势，以及他们采取的营销策略、占有的市场份额及其变化趋势等。

4）铁路运输销售渠道情况

分析各主要销售渠道的近期销售额及发展趋势。例如，各铁路客运站的客票销售情况和各代售点的客票销售情况等。

3. 分析市场威胁与机会

铁路运输市场营销计划中的第二个主要内容是对市场营销中所面临的主要威胁和机会的分析。“威胁”是指营销环境中存在着的对企业营销的不利因素；“机会”是指营销环境中对企业营销的有利因素，即企业可取得竞争优势和差别利益的市场机会。

4. 制定营销目标

营销目标是营销计划的核心部分。铁路运输营销目标是在分析铁路运输市场营销现状并预测未来的威胁和机会的基础上制定的。它主要包括旅客发送量、货物发送量、换算周转量、运输收入等指标。

5. 制订营销策略

营销策略是指达到上述营销目标的途径和手段，包括目标市场的选择和市场定位战略、营销组合战略、营销费用策略等。

1）目标市场的选择和市场定位战略

在营销策略中应首先明确企业的目标市场，即企业准备服务于哪个或哪几个细分市场，以及如何进行市场定位。

2）营销组合战略

企业准备在各个细分市场上采取哪些具体的营销策略，如铁路运输产品、铁路运输销售渠道、铁路运输促销等方面的策略。

3）营销费用战略

根据上述营销策略确定营销费用水平。

6. 设计活动程序

营销策略要转化成具体的活动程序涉及以下方面的内容。

（1）要做些什么？

（2）何时开始？由谁负责？

（3）需要多少成本？

按上述问题把每项活动都列出详细的程序表，以便于执行和检查。

7. 编制预算

在营销计划中还要编制各项收支的预算，要说明预计的运输收入，也要说明预计的运输生产成本（包括营销费用），收支的差额为预计的利润（或亏损）。上层管理者负责审批预算，预算一经批准，便成为购置设备、安排运输生产、人事及营销活动的依据。

8. 控制执行

营销计划的最后一部分是对计划执行过程的控制。典型的情况是将计划规定的目标和预算按月份或按季度分解，以便于企业的上层管理部门进行有效的监督与检查，督促未完成任务的部门改进工作，以确保营销计划的完成。

第三节　铁路运输市场营销组织

一、运输市场营销组织的基本知识

1. 运输市场营销组织的定义

运输市场营销组织是指运输企业营销部门的行政组织机构，它规定了运输企业营销部门的业务范围、权利、责任和义务，是达成营销目标的手段，是计划和控制各种营销活动的基础。组织管理的实践证明，一个科学、合理的组织机构对提高组织绩效、获取最大的社会效益和经济效益起着重大的作用，所以要保证营销活动尽可能有效，建立适当的营销组织机构是十分重要的。

2. 运输市场营销组织的任务

从根本上讲，营销就是了解并满足顾客需求，这也是营销组织的总任务。对实际运作的营销管理人员来讲，可将总任务分解为下述几项具休的任务。

1）运输市场研究

运输市场研究就是通过系统地收集、分析有关运输市场的信息，帮助运输企业高层管理人员进行决策。运输市场研究是运输企业营销组织的基础任务之一，通常应包括运输市场需求研究、目标市场研究、旅客和货主行为研究、运输产品研究、广告研究、竞争研究及宏观环境研究等。

2）运输产品管理

运输产品管理的主要任务是研究和开发满足旅客、货主需要的新产品与服务。新产品管理通常是营销部门、研究开发部门、生产部门共同的责任。在运输新产品和服务开发以后，营销部门要根据运输波动情况及客货运输的不同特点拟定产品策略，并对有关运输产品的各个要素进行决策。

3）广告活动

广告活动主要工作包括：确定广告的形式，确定广告活动的费用预算，选择广告媒体，拟定广告方案，选择广告代理商，评价广告活动效果。

4）分销渠道管理

营销部门为建立和保持有效的分销渠道，应确定以下内容：确定是否采用分销渠道，确定分销渠道的宽/窄、长/短，选择分销商，制定对分销商的政策，制定分销商管理规定、办法，分析各分销渠道、各分销商的分销效果。

5）价格管理

价格管理包括制定定价政策，以及确定价格是否需要改变和何时改变。

6）形象识别

利用企业识别系统（CIS），给顾客和公众一个鲜明、独特的印象与感觉，以便识别企业及其产品。

二、铁路运输市场营销组织概况

1. 改变多级管理体系

2005 年 3 月，全路管理体制开始新一轮改革，根据地理位置和铁路线路的分布情况，增加了铁路局（目前已改制为铁路局集团有限公司，以下简称铁路局）的数量，撤销铁路分局一级机构，减少管理层次，实行路局直管站段，提高工作效率。

2. 建立路局级营销机构

在铁路局一级建立营销机构，彻底改变局机关只搞管理的现状。路局营销部门可设置为客货营销部，其下可设客运营销中心、货运营销中心、调度指挥中心、设备保障中心。原运输、客运、货运、调度、机务、工务、电务、车辆、统计等处室的有关人员分别属于上述各中心。其余人员和计划、劳资、财务、收入、人事等处室人员属于管理部门。

货运营销中心下设市场部、企管部等。市场部应配备经验丰富的营销人员，负责运输市场的调查、开发，随时掌握市场动态，定期提出运输市场的信息分析和对策。原局货计、货工、货管的有关人员是市场部的骨干。企管部应根据市场信息，确定和调整运输方案，加强运输组织工作，随时按市场需求配置运力、调整装车数量和流向，采取灵活的营运方案和收费政策，大力增加运输收入。

设备保障中心负责保障机车、车辆、线路、通信、信号、站场设备的完好，全面保障提供优质的运输产品。

各部门都要确定各自的职责范围、考核及奖惩制度，各岗位都要建立岗位责任制。也就是说，局机关的所有人员都要围绕“营销”两字开展工作。

3. 建立站段级营销机构

在站段一级也要根据上述原则建立切合实际的营销机构。例如，可以设置货运营业所，并将其作为货运营销体系的重要组成部分。车站也可以结合铁路货场内部企业化经营管理的开展，改革现有运输管理体制，实行主业和“多经”一体化经营，以市场为导向，强化营销工作，彻底转变几十年来计划经济形成的僵硬的管理方法和垄断思想，逐步形成主副合一、适应市场经济发展的货运营销体系。

以上这些营销机构的设立仍是一种典型的职能型组织结构，其优点是行政管理简单、便于设立。在铁路运输市场营销刚刚起步的阶段采用这种营销组织形式，也能发挥其应有的作用。但随着铁路客货营销工作的不断发展，随着铁路运输产品的增多和市场的扩大，这种组织形式将很难适应错综复杂的运输市场竞争。尤其是在这种组织结构内部，各个职能部门为了自己的局部利益，为了获得更多的预算和较其他部门更高的地位而互相牵制、互相制造障碍，使营销方案不能很快、很好地落实。

要建立高效、精干、健全的铁路运输市场营销组织，需要从以下方面努力。

（1）改革铁路运输管理体制，理顺铁路产权关系。建立和完善铁路运输企业法人制度，构造运输市场竞争主体，是铁路运输企业真正走向市场营销的关键，也是真正建立高效、精干、健全的铁路客货营销组织的前提。目前，铁路公司制改革是铁路运输管理体制的一次重大变革。这对于转变铁路运输生产经营观念，真正建立运输市场竞争主体地位，推动铁路运输市场发展具有重要意义。

（2）建立客货营销体系。要改革以行政技术专业管理为主，以完成计划任务为目的，职能交叉、部门分割的传统组织机构，形成面向市场、适应市场、责任明确、整体协调的客货营销体系。

（3）强化职能，明确职责。要强化各级营销组织的职能分工，明确客货营销人员的职责，建立各层次的营销责任制，制定严格的管理制度和考核办法，使营销组织真正做到有权有责，成为在分析、研究、开拓、占领市场中不可替代的重要组织。

（4）建设营销队伍。把善经营、懂政策、具有市场营销能力的精兵强将充实到营销部门。要加强对营销人员的培训，逐步建立一支高素质、懂管理、善经营的营销队伍。

第四节 铁路运输市场营销计划的执行与控制

一、铁路运输市场营销计划的执行

铁路运输市场营销计划的执行是将铁路运输营销计划转化为行动和任务的部署过程，并确保任务的完成，以实现营销计划所制定的目标。分析营销环境、制定营销战略和营销计划是解决企业营销活动应该“做什么”和“为什么要这样做”的问题；而营销计划的执行则是要解决“由谁去做”“在什么时候做”和“怎样做”的问题。为有效地执行营销计划，需要掌握一些相关的技能。

1. 诊断技能

当铁路运输计划执行的结果未达到预期目标时，就需要分析战略和执行之间的内在关系，并提出一些需要诊断的问题。例如，某趟列车上座率低究竟是战略欠佳造成的，还是执行不当的结果？问题的原因在哪儿（进行诊断）？应该对这些问题做些什么（执行）？

2. 配置技能

配置技能指营销经理在不同营销活动之间分配资金、人力和时间等资源的技能。

3. 组织技能

组织技能包括两个方面：首先是提供明确的分工，将全部工作分解成便于管理的几个部分，再将它们分配给各有关部门和人员；其次是发挥协调的作用，通过正式的组织联系和信息沟通网络，协调各部门和人员的行动。关于组织机构有以下几个方面的基本决策。

（1）集中化或分权化程度。一般情况下，分权化管理更有助于鼓励创新和使企业组织具有灵活性。

（2）正规化程度。正规化程度即企业内是否鼓励员工间进行非正式信息沟通与交流。一些成功企业的经验证明，在组织形式上，正式机构与非正式机构同时存在并相互作用，构成一个开放型的信息沟通与交流系统，有助于提高企业实施营销活动的效率。

（3）精简化。一般来讲，简单的、分权式的组织机构具有高度灵活性，能更好地适应不断变化的环境。另外，领导班子（尤其是最高管理层）精干也是成功企业的共同特点。行政人员少了，工作效率就会提高。

应当指出的是，不同的营销战略要求具有不同性格和能力的管理者。拓展型战略要求具有创业和冒险精神的、有魄力的管理者去完成，维持型战略要求管理者具备组织和管理方面的才能，而紧缩型战略则需寻找精打细算的管理者来执行。

4. 推动并影响他人的技能

铁路营销的管理者要有善于推动并影响他人共同把事情办好的能力，而且不仅要推动营销组织内部的人员，还需推动营销组织外的其他人或企业一起为达到营销目标而努力。

5. 建立一套工作制度、决策制度和报酬制度的技能

工作、决策和报酬制度直接关系到组织实施计划的效率及成败。以报酬制度为例，它首先涉及对营销人员及部门工作绩效的评估，如果以短期获利情况为评估标准，就可能引导营销人员及部门的行为趋于短期化，而缺少为实现长期战略目标努力的主动性。

铁路营销组织的人员构成、素质，以及员工的工作态度和作风，企业全体人员是否遵循共同的基本信条和行为准则，统称为铁路企业文化。铁路企业文化具有相对稳定性和连续性。企业文化被认为对企业经营成败和实施战略计划的效率具有重要影响。

二、铁路运输市场营销计划的控制

铁路运输市场营销计划控制用于跟踪铁路企业营销活动过程的每个环节，以确保其按计划目标运行而实施的一套系统的工作程序。

1. 确定控制对象

确定控制对象，即确定控制内容。例如，铁路运输企业需要对其客运和货运运输收入、运输成本、利润额等盈利性指标进行控制，也需要对其营销人员的工作、运输服务质量、企业广告等营销活动进行控制。企业控制的内容很多，范围很广，但控制活动本身也要投入费用，因此，在确定控制内容时应注意考虑控制活动所能带来的效益。

2. 设立控制目标

设立控制目标，即为控制对象确立各种控制活动目标，一般与计划目标相一致。如果计划中已设立了控制目标，则此步骤可以省略。

3. 设定控制标准

控制标准是以某种衡量尺度表示的控制对象的预期活动范围或可接受的活动范围。衡量尺度是衡量市场营销活动优劣的“量”或“质”的尺度。如销售量、费用率、利润额等“量”的尺度及工作人员的组织能力、工作能力等“质”的尺度。而控制标准就是为这些尺度设立一个弹性的浮动范围，如销售量应该达到多少数量、利润额应该达到多少数额、市场占有率应该达到什么样的比例等。控制标准的设定要结合产品、地区、竞争等情况区别对待，尽量保持控制标准的稳定性和适用性。

4. 比较实绩与标准

比较实绩与标准即运用建立的衡量尺度和控制标准对计划完成的结果进行检查与比较，同时用文字或图表记录检查与比较的结果。一般要规定检查与比较的频率，即多长时间进行一次检查与比较。

5. 分析偏差原因

当实绩与计划产生偏差时，就要分析原因。产生偏差的原因一般有两种：一是执行过程中的问题，这种偏差比较容易分析；二是计划本身的问题，分析这种偏差比较困难。现实中的这两种偏差原因往往交叉在一起，增加了分析偏差的难度，因此，企业必须对营销过程中的实施情况做全面而深入的了解，尽可能拥有较详细的资料，以便找出问题的症结，分析计划没有完成的真正原因。

6. 纠正偏差

如果在制订计划的同时也制订了应急计划，则改进可能会快些；如果没有这类措施，就必须根据实际情况，迅速制定补救方案或者适当调整某些营销计划目标。

7. 评价效果

评价效果是对前期工作的最后评定。即使本期工作结束，控制程序也不能结束，这是一个不断循环的过程。

知识拓展

市场营销让高铁动卧更受欢迎

2015 年 1 月 13 日至 2 月 10 日，旅客乘坐北京至广州、深圳的高铁动卧列车，只要在原票价的基础上另加 1 元钱，持单程车票即可获赠 1 张广州塔（俗称“小蛮腰”）景点门票，持往返车票则可免费入住一晚快捷酒店。这是中国铁道旅行社推出的“高铁动卧游加 1 元赠送”活动的优惠内容。

自 2015 年元旦起开行的北京西至深圳北、广州南的动卧列车，以夕发朝至、安全便捷的优势，为喜欢自助游的旅客提供了新选择。中国铁道旅行社推出“高铁动卧游加 1 元赠送”活动受到旅客的青睐，显现了铁路走向市场后，越来越灵活的营销方式和市场行为，让旅客和铁路实现了双赢。

从 2015 年 1 月 1 日起至 3 月 15 日春运结束，铁路部门开行北京西至深圳北、北京西至广州南共计 4 对高铁动卧列车。高铁动卧以安全、高效、舒适赢得了旅客的称赞，让旅客免受了长途跋涉的辛苦，在温暖、舒适的睡梦中愉快地到达了目的地。一觉醒来，旅客从寒冷的北方就进入了温暖如春的南方，高铁动卧被旅客形象地称为“开往春天的列车”。

乘坐高铁动卧的大部分旅客以探亲、旅游为主。铁路部门积极开展营销活动，适时在中国铁道旅行社推出“高铁动卧游加 1 元赠送”优惠活动，对于一起购买往返车票、可同住一房的两位旅客来说，这个赠送活动则显得更为实惠，他们能在酒店房间免费入住两晚。同时，铁路部门还会应旅客要求，提供预定旅游用车和景点门票等“私人定制”配套服务。

此优惠活动的推出，不仅让旅客感受到了实惠，也让铁路的市场行为更加突显。昔日的“铁老大”自走向市场后，以市场为导向，不断地适应市场、开拓市场，根据旅客的出行特点和需求，先后实施周末、假日列车运行图，开行通勤高铁列车、夕发朝至高铁动卧列车等，而且高铁动卧的票价将根据市场需求实行浮动票价，这也是铁路部门首次尝试按市场需求“打折”。铁路不断满足旅客多种出行选择的需要，是铁路寻求走向市场化发展道路的必然结果。

铁路体制改革把铁路推向市场，铁路部门只有在不断地创新服务种类的同时，主动适应市场，紧跟市场发展方向，主动围绕旅客消费需求和消费品位下功夫，才能为旅客提供更优质、便利的服务；并且只有这样，中国铁路市场化发展道路才能走得更准、更稳。随着社会不断发展进步，人们的需求也呈多样化发展，人们在创造社会财富的同时追求更高品质的物质生活，这是时代的进步。而处在高速发展的中国铁路也必须自觉担负起引领时代前进的重任，更好地为我国社会经济发展服务。

实训分析

项目实训：铁路运输企业营销管理

【实训目标】

（1）理解战略规划的含义；

（2）掌握制定战略规划的程序；

（3）掌握运输市场营销计划的制定程序。

【实训内容与要求】

（1）全班同学自由组合成若干个学习小组，各学习小组通过课堂学习，对相关概念建立较深的认知。

（2）各学习小组给出铁路运输营销管理的典型例子，分析营销管理中战略性的整体规划、营销计划程序和营销组织的过程。

【实训成果与检测】

各小组成员根据实际的案例，提交铁路运输营销管理战略规划分析报告，并进行课堂交流与讨论，教师根据每个人的分析报告与讨论表现进行评估、打分。

参 考 文 献

[1] 赵岚．铁路运输市场营销［M］．2版．北京：中国铁道出版社，2008.
[2] 刘作义，赵瑜．运输市场营销学［M］．3版．北京：中国铁道出版社，2010.
[3] 郭玉华．中国铁路货运营销［M］．北京：中国铁道出版社，2012.
[4] 杨慧，张湘赣．市场营销学［M］．长沙：湖南大学出版社，2009.
[5] 那薇，王昆来，曹国林．市场营销理论与实务［M］．2版．北京：北京大学出版社，2012.
[6] 刘菊．市场营销实务［M］．上海：立信会计出版社，2011.
[7] 刘治江．市场营销学：知识、技能与应用［M］．北京：经济管理出版社，2008.